浙江省龙游县鱼类图鉴

于 瑾 李 帆 许晓军 主编

中国农业科学技术出版社

图书在版编目（CIP）数据

浙江省龙游县鱼类图鉴 / 于瑾，李帆，许晓军主编. —
北京：中国农业科学技术出版社，2024.9. --ISBN
978-7-5116-7050-2

Ⅰ.Q959.408-64

中国国家版本馆 CIP 数据核字第 20248G8V27 号

责任编辑	李　娜　朱　绯
责任校对	马广洋
责任印制	姜义伟　王思文

出 版 者	中国农业科学技术出版社
	北京市中关村南大街 12 号　邮编：100081
电　　话	（010）62111246（编辑室）　（010）82106624（发行部）
	（010）82109707（读者服务部）
网　　址	https:// castp.caas.cn
经 销 者	各地新华书店
印 刷 者	北京建宏印刷有限公司
开　　本	210 mm×290 mm　1/16
印　　张	5.75
字　　数	130 千字
版　　次	2024 年 9 月第 1 版　2024 年 9 月第 1 次印刷
定　　价	98.00 元

◆——— 版权所有·侵权必究 ———◆

《浙江省龙游县鱼类图鉴》
编委会

主持单位：浙江省龙游县农业农村局

参加单位：浙江省农业科学院、上海自然博物馆（上海科技馆分馆）

主　　编：于　瑾　　　浙江省龙游县农业农村局
　　　　　李　帆　　　上海自然博物馆（上海科技馆分馆）
　　　　　许晓军　　　浙江省农业科学院

副 主 编：刘　攀　　　上海自然博物馆（上海科技馆分馆）
　　　　　翁旭东　　　浙江渔老大农业科技有限公司
　　　　　胡杰婧　　　浙江省淡水水产研究所
　　　　　刘金殿　　　浙江省农业科学院
　　　　　曾　妮　　　浙江省龙游县农业农村局

参编人员（按姓氏笔画排序）：
　　　　　刘　帅　宋洪建　杨　刚
　　　　　郦　珊　傅晓靖

编写分工：

于　瑾：编写龙游县概况和水系特征、鱼类总论。

李　帆：编写鱼类物种各论，负责鱼类采样、鉴定和摄影。

许晓军：编写鱼类物种各论，参与鱼类采样。

刘　攀：编写鱼类物种各论，参与鱼类形态测量。

翁旭东：编写鱼类物种各论。

胡杰婧：编写龙游县概况和水系特征、鱼类总论。

刘金殿：参与鱼类数据统计分析。

曾　妮：编写龙游县概况和水系特征、鱼类总论。

编委成员：参与鱼类采样、形态测量和数据统计分析。

前 言

2018年宪法修正案将新发展理念、生态文明和建设美丽中国的要求载入宪法，确立了生态文明的宪法地位。水是生命之源、生产之要、生态之基。水生态文明建设是生态文明建设最重要、最基础的内容。党的十八大以来，我国先后出台《中华人民共和国长江保护法》《中华人民共和国黄河保护法》和《中华人民共和国湿地保护法》等多部法律，深入推进各项水生态保护工作。

水生生物既是水生态系统的重要组成部分，又是人类重要的食物来源。2021—2023年，我国开展了第一次水产养殖种质资源普查，旨在摸清资源家底，推动水产养殖种质资源有序开发利用。该普查既发掘保存了大量水产种质资源，又提高了公民对水生态保护意识。浙江省是"两山理论"的先行地和重要窗口。2022年，浙江省农业农村厅为落实《浙江省八大水系及近岸海域生态修复和生物多样性保护行动方案（2021—2025年）》，制定了《浙江省八大水系及近岸海域水生生物资源调查方案（2022—2025年）》，要求省、市、县联动，共同组织实施全域化、系统化、规范化资源调查，全面掌握八大水系及近岸海域水生生物资源本底、天然水域水产种质资源及重要水生生物栖息地现状。本图谱由此得到了省、市、县渔业主管部门的大力支持和基层渔业组织的协助。

编者于2023年4月至2024年3月间，分别在四个季节对龙游县全境进行鱼类调查采样，采用了抄网、撒网、刺网等多种渔具，并选择县域内主要河流上下游的不同生境开展工作。其间，编者走访渔民、钓鱼者等百余人，采集标本8 400余尾，拍摄鱼类照片数千幅，在此基础上进行了本图谱的撰写工作。

本书记述该项目调查确认的鱼类75种，隶属于10目20科49属，提供了各物种的学名、分类地位、形态特征、生态习性、地理分布等介绍，并附以活体照片。鱼类分类系统主要参考 *Fishes of the World*（Nelson et al.，2016）、《中国动物志》以及Fishbase鱼类数据库。照片力求展现鱼类的自然色彩和良好状态，通过在野外采集鱼类活体，后放置于仿生态造景的鱼缸进行拍摄。

由于编者学识限制，时间上较为仓促，采样上也有一定局限，故本书可能存在遗漏、错误和不足之处，恳请各位专家和广大读者批评指正。

于瑾、李帆、许晓军

2024 年 6 月

目 录

一、龙游县概况 ·· 1

二、龙游县水系特征 ·· 2

三、龙游县鱼类总论 ·· 3

四、龙游县鱼类物种各论 ·· 6
    刀鲚 *Coilia nasus* Temminck & Schlegel, 1846 ··· 6
    鲤 *Cyprinus carpio* Linnaeus, 1758 ··· 7
    鲫 *Carassius auratus* (Linnaeus, 1758) ··· 8
    光唇鱼 *Acrossocheilus fasciatus* (Steindachner, 1892) ···································· 9
    鲮 *Cirrhinus molitorella* (Valenciennes, 1844) ·· 10
    草鱼 *Ctenopharyngodon idella* (Valenciennes, 1844) ·································· 11
    青鱼 *Mylopharyngodon piceus* (Richardson, 1846) ···································· 12
    赤眼鳟 *Squaliobarbus curriculus* (Richardson, 1846) ································· 13
    鲢 *Hypophthalmichthys molitrix* (Valenciennes, 1844) ······························ 14
    鳙 *Hypophthalmichthys nobilis* (Richardson, 1845) ··································· 15
    马口鱼 *Opsariichthys bidens* Günther, 1873 ··· 16
    长鳍马口鱼 *Opsariichthys evolans* (Jordan & Evermann, 1902) ·················· 17
    餐 *Hemiculter leucisculus* (Basilewsky, 1855) ·· 18
    伍氏半餐 *Hemiculterella wui* (Wang, 1935) ··· 19
    海南拟餐 *Pseudohemiculter hainanensis* (Boulenger, 1900) ······················· 20
    大眼华鳊 *Sinibrama macrops* (Günther, 1868) ·· 21
    达氏鲌 *Chanodichthys dabryi* (Bleeker, 1871) ··· 22
    蒙古鲌 *Chanodichthys mongolicus* (Basilewsky, 1855) ······························ 23
    翘嘴鲌 *Chanodichthys erythropterus* (Basilewsky, 1855) ··························· 24
    红鳍原鲌 *Culter alburnus* Basilewsky, 1855 ·· 25
    飘鱼 *Pseudolaubuca sinensis* Bleeker, 1864 ··· 26
    似鳊 *Pseudobrama simoni* (Bleeker, 1864) ··· 27
    鲂 *Megalobrama mantschuricus* (Basilewsky, 1855) ·································· 28
    细鳞鲴 *Xenocypris microlepis* Bleeker, 1871 ··· 29
    黄尾鲴 *Xenocypris davidi* Bleeker, 1871 ·· 30
    圆吻鲴 *Distoechodon tumirostris* Peters, 1881 ··· 31
    兴凯鱊 *Acheilognathus chankaensis* (Dybowski, 1872) ····························· 32
    大鳍鱊 *Acheilognathus macropterus* (Bleeker, 1871) ································· 33
    多鳞鱊 *Acheilognathus polylepis* (Woo, 1964) ··· 34
    斜方鱊 *Acheilognathus rhombeus* (Temminck & Schlegel, 1846) ················ 35
    方氏鳑鲏 *Rhodeus fangi* (Miao, 1934) ·· 36

中文名	学名	页码
中华鳑鲏	*Rhodeus sinensis* Günther, 1868	37
高体鳑鲏	*Rhodeus ocellatus* (Kner, 1866)	38
花䱻	*Hemibarbus maculatus* Bleeker, 1871	39
唇䱻	*Hemibarbus labeo* (Pallas, 1776)	40
麦穗鱼	*Pseudorasbora parva* (Temminck & Schlegel, 1846)	41
小口小鳔鮈	*Microphysogobio microstomus* Yue, 1995	42
张氏小鳔鮈	*Microphysogobio zhangi* Huang, Zhao, Chen & Shao, 2017	43
黑鳍鳈	*Sarcocheilichthys nigripinnis* (Günther, 1873)	44
小鳈	*Sarcocheilichthys parvus* Nichols, 1930	45
华鳈	*Sarcocheilichthys sinensis sinensis* Bleeker, 1871	46
蛇鮈	*Saurogobio dabryi* Bleeker, 1871	47
长蛇鮈	*Saurogobio dumerili* Bleeker, 1871	48
似鮈	*Pseudogobio vaillanti* (Sauvage, 1878)	49
棒花鱼	*Abbottina rivularis* (Basilewsky, 1855)	50
银鮈	*Squalidus argentatus* (Sauvage & Dabry de Thiersant, 1874)	51
点纹银鮈	*Squalidus wolterstorffi* (Regan, 1908)	52
细纹颌须鮈	*Gnathopogon taeniellus* (Nichols, 1925)	53
衢江花鳅	*Cobitis qujiangensis* (Chen & Chen, 2017)	54
泥鳅	*Misgurnus anguillicaudatus* (Cantor, 1842)	55
原缨口鳅	*Vanmanenia stenosoma* (Boulenger, 1901)	56
黄鳝	*Monopterus albus* (Zuiew, 1793)	57
中华刺鳅	*Sinobdella sinensis* (Bleeker, 1870)	58
鲇	*Silurus asotus* Linnaeus, 1758	59
盎堂拟鲿	*Tachysurus ondon* (Shaw, 1930)	60
白边拟鲿	*Tachysurus albomarginatus* (Rendahl, 1928)	61
黄颡鱼	*Tachysurus fulvidraco* (Richardson, 1846)	62
光泽黄颡鱼	*Tachysurus nitidus* (Sauvage & Dabry de Thiersant, 1874)	63
浙江鉠	*Liobagrus chenhaojuni* Chen, Guo & Wu, 2024	64
大眼鳜	*Siniperca kneri* Garman, 1912	65
斑鳜	*Siniperca scherzeri* Steindachner, 1892	66
波纹鳜	*Siniperca undulata* Fang & Chong, 1932	67
绿太阳鱼	*Lepomis auritus* Rafinesque, 1819	68
齐氏罗非鱼	*Coptodon zillii* (Gervais, 1848)	69
黏皮鲻虾虎鱼	*Mugilogobius myxodermus* (Herre, 1935)	70
波氏吻虾虎鱼	*Rhinogobius cliffordpopei* (Nichols, 1925)	71
戴氏吻虾虎鱼	*Rhinogobius davidi* (Sauvage & Dabry de Thiersant, 1874)	72
李氏吻虾虎鱼	*Rhinogobius leavelli* (Herre, 1935)	73
雀斑吻虾虎鱼	*Rhinogobius lentiginis* (Wu & Zheng, 1985)	74
黑吻虾虎鱼	*Rhinogobius niger* Huang, Chen & Shao, 2016	75
真吻虾虎鱼	*Rhinogobius similis* Gill, 1859	76
河川沙塘鳢	*Odontobutis potamophilus* (Günther, 1861)	77
乌鳢	*Channa argus* (Cantor, 1842)	78
食蚊鱼	*Gambusia affinis* (Baird & Girard, 1853)	79
间下鱵	*Hyporhamphus intermedius* (Cantor, 1842)	80

主要参考文献 ······ **81**

一、龙游县概况

龙游县位于浙江省西部，金衢盆地中部，介于北纬 28°44′~29°17′，东经 119°02′~119°20′。辖区东连金华市，西交衢江区，北与东北界建德、兰溪两市，南接遂昌县，县境南北长 61.5 km，东西宽 29.37 km，总面积 1 143 km²。

龙游县地处浙江省西部金衢盆地，境内地形南、北高，中部低，呈马鞍形。南部为仙霞岭余脉，西南最高峰茅山坑，海拔 1 442 m。北部为千里岗余脉，最高峰马槽山，海拔 940 m。全县最低点是湖镇镇下童村，海拔 33 m。

龙游县地处亚热带季风气候区，具有明显的盆地特征，光照、气温、降雨、湿度等气象因子变化显著。年平均降水量 1 618.6 mm，年际降水差异较大。年内降水分配不均，4—6 月降水量占全年的 45.2%，极易发生洪涝灾害；7—9 月降水量占全年的 20.1%，易发生干旱。龙游县年平均气温 17.1 ℃，最高月（7 月）平均 28.8 ℃，最低月（1 月）平均 5.0 ℃；极端最高气温 41.0 ℃（1988 年 7 月 17 日），极端最低气温为 -11.4 ℃（1977 年 1 月 6 日）。全年无霜期为 257 d。≥ 10 ℃的活动积温 5 441 ℃。全年日照数为 1 761.9 h。

龙游县多年平均水资源总量为 10.787 亿 m³，其中地表水资源量为 9.22 亿 m³，相应年径流深为 806 mm，径流系数为 0.501；地下水资源量为 1.567 亿 m³。

目前，龙游县辖 2 街道 6 镇 7 乡：龙洲街道、东华街道、湖镇镇、横山镇、塔石镇、小南海镇、溪口镇、詹家镇、模环乡、石佛乡、社阳乡、罗家乡、庙下乡、沐尘畲族乡、大街乡。

二、龙游县水系特征

龙游县境内水系均属钱塘江流域，主要属于钱塘江支流衢江，县境内的衢江流域面积为 1 053.8 km^2；另有小部分属于钱塘江支流新安江，县境内流域面积为 1.95 km^2。

衢江为龙游县境内主要河流，自西而东横贯中部，沿途接纳源于南北山地的多条河流，构成枝状水系，其中南侧主要有 4 条支流，分别为芝溪、灵山港、罗家溪和社阳溪；北侧主要有 3 条支流，分别为模环溪、塔石溪和士元溪（表1）。

表 1　龙游县境内主要河流特征

名称	发源地	主流总长（km）	流域总面积（km^2）	境内主流长（km）	境内流域面积（km^2）	比降（%）
衢江	休宁县白际岭	257.9	11 477	28.2	1 053.8	0.39
灵山港	遂昌县和尚岭	90.6	726.9	55.9	334.0	2.45
芝溪	衢江区尚伦岗	23.7	93.4	15.8	93.4	1.27
罗家溪	龙游县铜钵山	29.3	120.9	29.3	120.9	8.60
社阳溪	龙游县东长坪	32.0	108.7	32.0	108.7	13.00
塔石溪	龙游县白佛岩	29.2	220.3	29.2	220.3	4.90
模环溪	建德市庙坞坪	26.3	97.4	25.8	97.1	2.60
士元溪	龙游县上下朱	11.5	41.5	11.5	41.5	3.26

三、龙游县鱼类总论

2023年4月至2024年3月期间，浙江省龙游县农业农村局联合浙江省农业科学院和上海自然博物馆（上海科技馆分馆）组成调查团队，分别于四个不同季度，对龙游县各主要河流上下游不同生境进行了广泛的鱼类采样，采集标本8 400余尾，鉴定确认鱼类75种，隶属于10目20科49属（表2）。其中4种为外来种，绿太阳鱼、食蚊鱼和齐氏罗非鱼由国外引入，鲮由我国华南地区引入。

在目水平上，以鲤形目物种最多，共50种，占总物种数的66.67%；虾虎鱼目次之，为8种，占10.67%；鲇形目6种，占8%；棘臀鱼目4种，占5.33%；合鳃鱼目2种，占2.67%；鲱形目、丽鱼目、攀鲈目、鳉形目和颌针鱼目各1种，各占1.33%。

在科水平上，以鮈科物种最多，达21种，占总物种数的28%；其次是鳅科，共监测到15种，占总数的20%；鳢科和虾虎鱼科各7种，各占9.33%；鲤科和鳍科各4种，各占5.33%；鳜科3种，占4%；鳅科2种，占2.67%；鳀科、腹吸鳅科、合鳃鱼科、刺鳅科、鲇科、钝头鮠科、刺臀鱼科、丽鱼科、沙塘鳢科、鳢科、花鳉科、鳡科这12科均只监测到1种，各占总数的1.33%。

表 2　龙游县鱼类物种分布（＊为外来种）

物种	衢江	灵山港	芝溪	罗家溪	社阳溪	塔石溪	模环溪	士元溪
鲱形目 Clupeiformes								
鳀科 Engraulidae								
1　刀鲚 *Coilia nasus*	+							
鲤形目 Cypriniformes								
鲤科 Cyprinidae								
2　鲤 *Cyprinus carpio*	+	+						
3　鲫 *Carassius auratus*	+	+	+	+	+	+	+	+
4　光唇鱼 *Acrossocheilus fasciatus*	+	+		+	+	+		
5　鲮 *Cirrhinus molitorella*＊	+							
鲴科 Xenocyprididae								
6　草鱼 *Ctenopharyngodon idella*	+						+	
7　青鱼 *Mylopharyngodon piceus*	+							
8　赤眼鳟 *Squaliobarbus curriculus*	+	+	+				+	
9　鲢 *Hypophthalmichthys molitrix*	+							
10　鳙 *Hypophthalmichthys nobilis*	+							
11　马口鱼 *Opsariichthys bidens*	+	+	+	+	+	+	+	
12　长鳍马口鱲 *Opsariichthys evolans*	+	+	+	+	+	+	+	
13　餐 *Hemiculter leucisculus*	+	+	+	+	+	+	+	
14　伍氏半餐 *Hemiculterella wui*	+	+	+	+		+	+	
15　海南拟餐 *Pseudohemiculter hainanensis*	+	+					+	
16　大眼华鳊 *Sinibrama macrops*	+	+						

续表

	物种	衢江	灵山港	芝溪	罗家溪	社阳溪	塔石溪	模环溪	士元溪
17	达氏鲌 *Chanodichthys dabryi*	+							
18	蒙古鲌 *Chanodichthys mongolicus*	+							
19	翘嘴鲌 *Chanodichthys erythropterus*	+	+				+	+	
20	红鳍原鲌 *Culter alburnus*	+	+				+	+	
21	飘鱼 *Pseudolaubuca sinensis*	+							
22	似鳊 *Pseudobrama simoni*	+							
23	鲂 *Megalobrama mantschuricus*	+							
24	细鳞鲴 *Xenocypris microlepis*	+							
25	黄尾鲴 *Xenocypris davidi*	+							
26	圆吻鲴 *Distoechodon tumirostris*	+	+						
鳑科 Acheilognathidae									
27	兴凯鱊 *Acheilognathus chankaensis*	+	+				+	+	
28	大鳍鱊 *Acheilognathus macropterus*	+	+				+	+	
29	多鳞鱊 *Acheilognathus polylepis*	+							
30	斜方鱊 *Acheilognathus rhombeus*	+							
31	方氏鳑鲏 *Rhodeus fangi*	+	+				+	+	
32	中华鳑鲏 *Rhodeus sinensis*	+	+	+	+		+	+	
33	高体鳑鲏 *Rhodeus ocellatus*	+	+	+	+	+	+	+	
鮈科 Gobionidae									
34	花䱻 *Hemibarbus maculatus*	+							
35	唇䱻 *Hemibarbus labeo*	+	+						
36	麦穗鱼 *Pseudorasbora parva*	+	+	+	+	+	+	+	
37	小口小鳔鮈 *Microphysogobio microstomus*	+	+						
38	张氏小鳔鮈 *Microphysogobio zhangi*	+	+						
39	黑鳍鳈 *Sarcocheilichthys nigripinnis*	+	+						
40	小鳈 *Sarcocheilichthys parvus*		+						
41	华鳈 *Sarcocheilichthys sinensis*	+							
42	蛇鮈 *Saurogobio dabryi*	+							
43	长蛇鮈 *Saurogobio dumerili*	+							
44	似鮈 *Pseudogobio vaillanti*	+	+						
45	棒花鱼 *Abbottina rivularis*	+	+	+	+		+	+	
46	银鮈 *Squalidus argentatus*	+	+				+	+	
47	点纹银鮈 *Squalidus wolterstorffi*	+	+	+			+	+	
48	细纹颌须鮈 *Gnathopogon taeniellus*		+						
鳅科 Cobitidae									
49	衢江花鳅 *Cobitis qujiangensis*		+						
50	泥鳅 *Misgurnus anguillicaudatus*	+	+	+	+		+	+	+
腹吸鳅科 Gastromyzontidae									
51	原缨口鳅 *Vanmanenia stenosoma*		+		+	+			
合鳃鱼目 Synbranchiformes									
合鳃鱼科 Synbranchidae									
52	黄鳝 *Monopterus albus*	+	+	+	+	+	+	+	+

续表

物种	衢江	灵山港	芝溪	罗家溪	社阳溪	塔石溪	模环溪	士元溪
刺鳅科 Mastacembelidae								
53　中华刺鳅 Sinobdella sinensis	+							
鲇形目 Siluriformes								
鲇科 Siluridae								
54　鲇 Silurus asotus	+	+		+		+	+	
鲿科 Bagridae								
55　盎堂拟鲿 Tachysurus ondon		+			+			
56　白边拟鲿 Tachysurus albomarginatus	+	+						
57　黄颡鱼 Tachysurus fulvidraco	+	+						
58　光泽黄颡鱼 Tachysurus nitidus	+							
钝头鮠科 Amblycipitidae								
59　浙江鳅 Liobagrus chenhaojuni		+						
棘臀鱼目 Centrarchiformes								
鳜科 Sinipercidae								
60　大眼鳜 Siniperca kneri	+							
61　斑鳜 Siniperca scherzeri	+	+						
62　波纹鳜 Siniperca undulata	+							
棘臀鱼科 Centrarchidae								
63　绿太阳鱼 Lepomis auritus*	+	+				+	+	
丽鱼目 Cichliformes								
丽鱼科 Cichlidae								
64　齐氏罗非鱼 Coptodon zillii*	+							
虾虎鱼目 Gobiiformes								
虾虎鱼科 Gobiidae								
65　黏皮鲻虾虎 Mugilogobius myxodermus	+							
66　波氏吻虾虎鱼 Rhinogobius cliffordpopei	+	+				+	+	
67　戴氏吻虾虎鱼 Rhinogobius davidi		+		+	+	+	+	
68　李氏吻虾虎鱼 Rhinogobius leavelli		+			+			
69　雀斑吻虾虎鱼 Rhinogobius lentiginis		+						
70　黑吻虾虎鱼 Rhinogobius niger		+			+			
71　真吻虾虎鱼 Rhinogobius similis	+	+	+	+	+	+	+	
沙塘鳢科 Odontobutidae								
72　河川沙塘鳢 Odontobutis potamophilus		+			+			
攀鲈目 Anabantiformes								
鳢科 Channidae								
73　乌鳢 Channa argus	+	+				+	+	
鳉形目 Cyprinodontiformes								
花鳉科 Poeciliidae								
74　食蚊鱼 Gambusia affinis*	+							+
颌针鱼目 Beloniformes								
鱵科 Beloniformes								
75　间下鱵 Hyporhamphus intermedius	+							

四、龙游县鱼类物种各论

刀鲚 *Coilia nasus* Temminck & Schlegel, 1846

【分类地位】鲱形目 Clupeiformes；鳀科 Engraulidae；鲚属 *Coilia*

【形态特征】背鳍Ⅰ-11~12；臀鳍95~104；胸鳍6+11~12；腹鳍7。纵列鳞79～83，横列鳞12。体侧扁，向后渐细长。腹部棱鳞显著。口大。成鱼上颌骨向后延伸达胸鳍基部，下缘有细锯齿。体被易脱落的薄圆鳞。无侧线。胸鳍上部有6根游离鳍条，均延长为丝状，向后伸越臀鳍起点。体银白色，背侧呈青色、金黄色或青黄色。尾鳍黄褐色。体长可达 36 cm。

【生态习性】洄游性鱼类，平时生活在海洋，繁殖季节集群由海入江，进行生殖洄游。

【地理分布】北起辽宁辽河，南至广东沿河，及其与海相通的河流、湖泊中均有分布。

【龙游县内分布】仅见于衢江干流。

鲤 *Cyprinus carpio* Linnaeus, 1758

【分类地位】鲤形目 Cypriniformes：鲤科 Cyprinidae：鲤属 *Cyprinus*

【形态特征】背鳍 iv-16～22，臀鳍 iii-5，胸鳍 i-14～16。侧线鳞 32～40。下咽齿 3 行，臼齿状。体长而侧扁，腹部平直。尾柄宽短，尾柄高一般大于眼后头长。吻略尖。口亚下位，深弧形。唇发达。须 2 对，发达，口角须长于吻须。侧线完全。背鳍外缘凹入，末根不分枝鳍条为较粗壮的硬刺，后缘具锯齿。背鳍起点前于腹鳍起点。体背部青黄色，体侧金黄色，腹部黄白色。尾鳍下叶橘红色。体长可达 1 m。

【生态习性】栖息于江河、湖泊和水库的中下层。杂食性，主要以水生无脊椎动物、底栖藻类和有机碎屑等为食。

【地理分布】广布于我国各地。国外见于俄罗斯、朝鲜、日本和欧洲等地。

【龙游县内分布】见于衢江干流及灵山港下游。

鲫 *Carassius auratus* (Linnaeus, 1758)

【分类地位】鲤形目 Cypriniformes；鲤科 Cyprinidae；鲫属 *Carassius*

【形态特征】背鳍iii-15～19；臀鳍iii-5；胸鳍i-16～17；腹鳍i-8。侧线鳞27～30；背鳍前鳞12～14。第一鳃弓外侧鳃耙数37～54。下咽齿1行。体较高，稍侧扁，腹部圆。吻短，圆钝。口小，端位，弧形。下唇较上唇厚，唇后沟长。无须。鳞较大。侧线完全，平直。背鳍外缘平直或微凹，末根不分枝鳍条为粗壮的硬刺，后缘具锯齿。体背部灰黑色，体侧银灰或带黄绿色，腹部白色。体长可达 30 cm。

【生态习性】多栖息于植被丰富的浅水河道和湖泊中。杂食性，主要以水生植物、藻类、枝角类、桡足类、水生昆虫和小型软体动物等为食。

【地理分布】除青藏高原外的全国各水系的各种水体中。国外越南和欧洲等地也有分布。

【龙游县内分布】广布于衢江干流及各主要支流。

光唇鱼 *Acrossocheilus fasciatus* (Steindachner, 1892)

【分类地位】鲤形目 Cypriniformes；鲤科 Cyprinidae；光唇鱼属 *Acrossocheilus*

【形态特征】背鳍 iv-8；臀鳍 iii-5；胸鳍 i-14～16；腹鳍 ii-8。侧线鳞39～42；背鳍前鳞12～15；围尾柄鳞16。第一鳃弓外侧鳃耙数10～16。体延长而侧扁。吻钝圆。口下位，口裂呈浅马蹄形。上唇较薄，下唇较宽，分两侧瓣，唇后沟前伸至颏部中断，间距为口宽的1/3左右。下颌与下唇分离，前缘几平直，具锋利的角质边缘，完全裸露。须2对。胸腹部鳞稍小。背鳍和臀鳍基具鳞鞘，腹鳍基具腋鳞。侧线完全。背鳍末根不分枝鳍条不变粗，后缘有或无锯齿。体背黑褐色，腹部淡黄白色或乳白色。雌鱼体侧具6条垂直黑色横带，占1～2列鳞片。雄鱼沿侧线有一纵行深色带，垂直横带有时不明显。背鳍鳍条间膜具黑条。体长可达13 cm。

【生态习性】生活于水流湍急、水质清澈、底质多石的溪流中，摄食底栖无脊椎动物和有机碎屑等。

【地理分布】长江下游、钱塘江、甬江和灵江。

【龙游县内分布】常见于灵山港、社阳溪、罗家溪、塔石溪等各大支流上游，偶见于衢江干流。

鲮 *Cirrhinus molitorella* (Valenciennes, 1844)

【分类地位】鲤形目 Cypriniformes；鲤科 Cyprinidae；鲮属 *Cirrhinus*

【形态特征】背鳍iii-12～13；臀鳍iii-5；胸鳍i-15～16；腹鳍i-8。侧线鳞38～40。体长而侧扁，腹部圆或稍平直。吻短而圆钝。吻皮边缘光滑，下垂仅盖住上唇基部。上唇发达，与吻皮分离，两侧端外露，边缘具一行乳突状裂纹，且与上颌分离，在口角处上下唇直接相连。下唇与下颌分离，边缘和外表近边缘有一狭带布满小乳突状角质突起。唇后沟在颏部中断，无纵向颏沟。口下位，横列。上下颌具角质薄锋。下颌在颌骨会合处内面有一小的骨质突起。须2对，吻须长，口角须短小。胸腹部鳞片小。腹鳍基具腋鳞。侧线完全。背鳍无硬刺，背鳍外缘微凹。体背侧青灰色，腹部银白色。体侧每一鳞片后方具一黑点，鲜活时为浅绿色。体侧胸鳍上方侧线附近有由蓝色鳞片组成的斑块。各鳍灰黑色，幼鱼尾鳍基有一大黑斑。体长可达33 cm。

【生态习性】栖息于江河缓流水域，主要刮食附生藻类和有机碎屑。

【地理分布】珠江、元江、澜沧江、闽江以及海南岛各水系。国外见于越南。

【龙游县内分布】见于衢江干流。为外来物种，影响有待评估。

草鱼 *Ctenopharyngodon idella* (Valenciennes, 1844)

【**分类地位**】鲤形目 Cypriniformes：鲴科 Xenocyprididae：草鱼属 *Ctenopharyngodon*

【**形态特征**】背鳍iii-7，臀鳍iii-8～9；胸鳍i-16～18；腹鳍ii-8。侧线鳞38～44。体延长，前部近圆筒形，后部渐侧扁。腹部圆。下咽齿2行，侧扁梳状。体茶黄色，背部青灰略带黄色，腹部灰白色。体侧鳞片边缘灰黑色。各鳍灰黄色。体长可达1 m以上。

【**生态习性**】栖息于江河、湖泊和水库的中下层，觅食时也常在上层活动。成鱼主要以水生维管束植物为食。

【**地理分布**】广布于我国东部各主要水系。

【**龙游县内分布**】主要分布于衢江干流。

青鱼 *Mylopharyngodon piceus* (Richardson, 1846)

【分类地位】鲤形目 Cypriniformes：鲷科 Xenocyprididae：青鱼属 *Mylopharyngodon*

【形态特征】背鳍iii-7；臀鳍iii-8～9；胸鳍 i-16～18；腹鳍 ii-8。侧线完全，侧线鳞39～44；背鳍前鳞14～17。体粗壮，近圆筒形。吻短，稍尖。口端位，上颌略长于下颌。体呈青灰色，背部较深，腹部灰白色。各鳍灰黑色。体长可达 1 m 以上。

【生态习性】栖息于江河、湖泊等水域。成鱼主要以软体动物为食。

【地理分布】广布于我国东部各主要水系。

【龙游县内分布】主要分布于衢江干流。

赤眼鳟 *Squaliobarbus curriculus* (Richardson, 1846)

【**分类地位**】鲤形目 Cypriniformes：鲴科 Xenocyprididae：赤眼鳟属 *Squaliobarbus*

【**形态特征**】背鳍iii-7；臀鳍iii-8～9；胸鳍i-14～16；腹鳍i-8。侧线鳞41～47；背鳍前鳞13～15。体前部近圆筒形，尾部侧扁。口端位，具2对短须。体背侧青灰色，腹部银白色。虹膜红色。体部每个鳞片后缘均具黑斑，组成纵列点状条纹。最大体长约40 cm。

【**生态习性**】多栖息于江河、湖泊、溪流等缓流水域。杂食性，主要以水生植物、无脊椎动物为食。

【**地理分布**】广布于我国东部各水系。国外记录分布于朝鲜和越南。

【**龙游县内分布**】见于衢江干流和詹家镇芝溪上游。

鲢 *Hypophthalmichthys molitrix* (Valenciennes, 1844)

【分类地位】鲤形目 Cypriniformes：鲴科 Xenocyprididae：鲢属 *Hypophthalmichthys*

【形态特征】背鳍iii-7；臀鳍iii-11~13；胸鳍i-16~17；腹鳍i-7~8。侧线鳞91~120。体侧扁，从胸鳍基部前下方至肛门间具发达的腹棱。口宽大，端位，口角伸达眼前缘下方。侧线完全，呈弧形。鳃耙彼此相连呈海绵状膜质片。体背侧银灰色，腹侧银白色；各鳍灰色。最大体长可达1m以上。

【生态习性】栖息于江河干流及附属湖泊的中上层，主要滤食浮游植物。

【地理分布】广布于我国东部各大水系。

【龙游县内分布】主要见于衢江干流和部分水库。

鳙 *Hypophthalmichthys nobilis* (Richardson, 1845)

【**分类地位**】鲤形目 Cypriniformes：鲴科 Xenocyprididae；鳙属 *Hypophthalmichthys*

【**形态特征**】背鳍 iii-7～8；臀鳍 iii-10～13；胸鳍 i-16～19；腹鳍 i-7～8。侧线鳞 91～108。体侧扁，较高。腹部自腹鳍基部至肛门间具腹棱。头极大。口大。鳃耙排列紧密但不连合。侧线完全。体背部灰黑色，具许多不规则黑色斑点。腹部灰白色。体长可达 1 m 以上。

【**生态习性**】栖息于江河、湖泊、水库的中上层。滤食性鱼类，主要以浮游动物为食。

【**地理分布**】广布于我国东部各大水系。

【**龙游县内分布**】主要见于衢江干流和部分水库。

马口鱼 *Opsariichthys bidens* Günther, 1873

【分类地位】鲤形目 Cypriniformes；鲴科 Xenocyprididae；马口鱼属 *Opsariichthys*

【形态特征】背鳍iii-7；臀鳍iii-8～9；胸鳍i-13～15；腹鳍i-8。侧线鳞44～47，背鳍前鳞19～21。体长而侧扁。口亚上位，下颌稍长于上颌；口裂较大，上下颌前端凹凸相嵌。成年雄鱼头部散布珠星；体侧具十余条蓝色横斑；臀鳍较宽大，鳍条末端呈丝状延展。雌鱼头部无明显珠星；体侧无明显斑块；臀鳍鳍条末端非游离状。最大体长约25 cm。

【生态习性】栖息于溪流中上游，主要捕食其他鱼类和无脊椎动物。

【地理分布】广布于我国东部各主要水系。

【龙游县内分布】多见于各支流中上游，偶见于衢江干流。

长鳍马口鱼 *Opsariichthys evolans* (Jordan & Evermann, 1902)

【**分类地位**】鲤形目 Cypriniformes：鲴科 Xenocyprididae：马口鱼属 *Opsariichthys*

【**形态特征**】背鳍ⅲ-7；臀鳍ⅲ-9；胸鳍 i-13～15；腹鳍 i-7～8。侧线鳞 42～43，背鳍前鳞 15～16。体略侧扁。口亚下位，上颌略突出于下颌。成年雄鱼体侧具 10 余条浅蓝色横斑；胸鳍末端延伸至腹鳍起点；臀鳍宽大，鳍条延展。雌鱼斑纹较浅，胸鳍和臀鳍鳍条不发达。体长可达 10 cm。

【**生态习性**】主要栖息于溪流中下游，以无脊椎动物、有机碎屑等为食。

【**地理分布**】我国大陆东南部和台湾岛北部。

【**龙游县内分布**】多见于各支流中上游，偶见于衢江干流。

餐 *Hemiculter leucisculus* (Basilewsky, 1855)

【分类地位】鲤形目 Cypriniformes；鲴科 Xenocyprididae；餐属 *Hemiculter*

【形态特征】背鳍 iii-7；臀鳍 iii-10~14；胸鳍 i-12~13；腹鳍 i-7~8。侧线鳞 49~52。第一鳃弓外侧鳃 15~20。体侧扁，较薄。腹部自胸鳍基下方至肛门具腹棱。侧线完全，在胸鳍上方显著向下弯折。体银灰色，背侧色较深；各鳍浅色。最大体长约 23cm。

【生态习性】喜栖息于江河、湖泊和溪流下游，在静水和缓流水域均有分布。杂食性，以浮游动物、藻类、水生昆虫等为食。

【地理分布】广布于我国东部各主要水系。

【龙游县内分布】见于衢江干流及各支流中下游。

伍氏半䱗 *Hemiculterella wui* (Wang, 1935)

【**分类地位**】鲤形目 Cypriniformes：鲴科 Xenocyprididae：半䱗属 *Hemiculterella*

【**形态特征**】背鳍 iii-7；臀鳍 iii-11～12；胸鳍 i-13～14；腹鳍 i-7～8。侧线鳞 49～56。第一鳃弓外侧鳃耙 12～15。体侧扁。腹部自腹鳍基部至肛门具腹棱。侧线完全，在胸鳍上方向下弯曲。体银白色，背部暗色。体长可达 10 cm。

【**生态习性**】栖息于江河流水环境，喜集群。以水生昆虫、着生藻类和植物碎屑等为食。

【**地理分布**】长江下游、钱塘江。

【**龙游县内分布**】多见于各支流中上游，偶见于衢江干流。

海南拟䱗 *Pseudohemiculter hainanensis* (Boulenger, 1900)

【分类地位】鲤形目 Cypriniformes：鲴科 Xenocyprididae：拟䱗属 *Pseudohemiculter*

【形态特征】背鳍iii-7；臀鳍iii-13～16；胸鳍 i-12～14；腹鳍 i-7～8。侧线鳞44～54。体侧扁。体高一般小于头长。腹部自腹鳍基部至肛门具腹棱。下颌中央具 1 突起，与上颌中央缺刻相吻合。背鳍刺弱，刺长一般短于吻后头长。侧线完全，在胸鳍上方向下弯折。体背部浅灰色，腹部银白色，体侧鳞片散布黑色细斑。体长可达 23 cm。

【生态习性】栖息于江河缓流水域，主要以水生昆虫、小虾和植物碎屑等为食。

【地理分布】长江以南各主要水系。

【龙游县内分布】见于衢江干流、以及灵山港和模环溪的下游。

大眼华鳊 *Sinibrama macrops* (Günther, 1868)

【分类地位】鲤形目 Cypriniformes；鲴科 Xenocyprididae；华鳊属 *Sinibrama*

【形态特征】背鳍iii-7；臀鳍iii-22～26；胸鳍i-14；腹鳍i-8。侧线鳞56～60。第一鳃弓外侧鳃耙9～13。体侧扁，头后背部隆起。腹部自腹鳍基至肛门间具腹棱。眼大。侧线完全。体背部和体侧上部灰黄色或浅褐色，体侧下部和腹部银白色。体侧上部鳃盖后缘至尾鳍基部有一前黑色纵纹。各鳍灰黄色。体长可达16 cm。

【生态习性】栖息于开阔江河、湖泊和水库中。杂食性，以藻类、有机碎屑、无脊椎动物等为食。

【地理分布】长江中下游、钱塘江、灵江、瓯江、闽江等水系。

【龙游县内分布】广布于衢江干流及各主要支流下游。

达氏鲌 *Chanodichthys dabryi* (Bleeker, 1871)

【分类地位】鲤形目 Cypriniformes：鲴科 Xenocyprididae；鲌属 *Chanodichthys*

【形态特征】背鳍iii-7；臀鳍iii-23～29；胸鳍i-14～15；腹鳍ii-8。侧线鳞64～70。体侧扁，背部较厚，在头后部隆起。腹部自腹鳍基至肛门具腹棱。口亚上位，口裂斜。侧线完全。体背部灰黑色，腹部银灰色，各鳍灰黑色。体长可达 27 cm。

【生态习性】栖息于江河、湖泊和水库的中下层。肉食性，以小型鱼类和甲壳类等为食。

【地理分布】广布于我国东部各主要水系。

【龙游县内分布】多见于衢江干流。

蒙古鲌 *Chanodichthys mongolicus* (Basilewsky, 1855)

【分类地位】鲤形目 Cypriniformes；鲴科 Xenocyprididae；鲌属 *Chanodichthys*

【形态特征】背鳍iii-7；臀鳍iii-18～22；胸鳍 i-14～16；腹鳍 i-8。侧线鳞69～77。第一鳃弓外侧鳃耙 17～20。体侧扁，头后背部稍隆起。腹部自腹鳍基后缘至肛门具腹棱。口端位，口裂斜，下颌略长于上颌。侧线完全，前部略呈弧形，后部平直。鳔3室。体背侧浅褐色，腹侧银白色；尾鳍下叶鲜红色，其余各鳍浅褐色。体长可达 39 cm。

【生态习性】喜栖息于江河、湖泊和水库的中下层。性凶猛，肉食性，主要捕食其他鱼类和甲壳类。

【地理分布】广布于我国东部各主要水系。

【龙游县内分布】见于衢江干流及各主要支流下游。

翘嘴鲌 *Chanodichthys erythropterus* (Basilewsky, 1855)

【**分类地位**】鲤形目 Cypriniformes；鲴科 Xenocyprididae；鲌属 *Chanodichthys*

【**形态特征**】背鳍 iii-7；臀鳍 iii-21～24；胸鳍 i-15～16；腹鳍 ii-8。侧线鳞 80～92。体侧扁。口大，口裂几乎垂直。下颌厚而上翘，突出于上颌前缘。腹部自腹鳍基至肛门具明显腹棱。侧线完全。体背侧灰褐色，腹侧银白色。各鳍灰黑色。体长可达 1 m 以上。

【**生态习性**】栖息于江河、湖泊、水库等宽阔水域，活动于中上层水域，主要捕食其他鱼类。

【**地理分布**】广布于我国东部各主要水系。国外分布于蒙古国、俄罗斯和越南。

【**龙游县内分布**】见于衢江干流及各主要支流下游。

红鳍原鲌 *Culter alburnus* Basilewsky, 1855

【分类地位】鲤形目 Cypriniformes：鲴科 Xenocyprididae：原鲌属 *Culter*

【形态特征】背鳍 iii-7；臀鳍 iii-24～29；胸鳍 i-14～16；腹鳍 ii-8。侧线鳞 63～69。体侧扁，背部较厚，在头后部隆起。腹部自腹鳍基至肛门具腹棱。口上位，口裂几乎垂直。下颌厚，突出于上颌前缘。侧线完全。体背部青灰色，腹部银白色，体侧上部每个鳞片后缘有黑色小斑点。胸鳍淡黄色，尾鳍下叶和臀鳍橘黄色。体长可达 29 cm。

【生态习性】栖息于江河、湖泊等各类缓静水域，主要捕食小鱼、小虾和水生昆虫。

【地理分布】广泛分布于我国东部各主要水系。国外分布于越南、朝鲜和俄罗斯。

【龙游县内分布】见于衢江干流及各主要支流中下游。

飘鱼 *Pseudolaubuca sinensis* Bleeker, 1864

【分类地位】鲤形目 Cypriniformes；鲖科 Xenocyprididae；飘鱼属 *Pseudolaubuca*

【形态特征】背鳍iii-7；臀鳍iii-21～24；胸鳍i-13～14；腹鳍i-7～8。侧线鳞62～72。体甚侧扁，腹部自峡部至肛门具腹棱。下颌中央具一突起，与上颌缺刻相吻合。侧线在头后急剧向下倾斜，至胸鳍后部突然弯折成与腹部平行。鳔2室。体银白色，各鳍浅色。体长可达25 cm。

【生态习性】栖息于江河、湖泊等水质较为清澈的宽阔水域。杂食性，以水生昆虫、有机碎屑等为食。

【地理分布】广布于我国东部各主要水系。

【龙游县内分布】见于衢江干流。

似鳊 *Pseudobrama simoni* (Bleeker, 1864)

【分类地位】鲤形目 Cypriniformes：鲴科 Xenocyprididae：似鳊属 *Pseudobrama*

【形态特征】背鳍iii-7，臀鳍iii-9～12，胸鳍 i-13～14，腹鳍 i-8。侧线鳞 41～47。体侧扁。腹部自腹鳍基至肛门间具腹棱。侧线完全。体背部和上测为灰褐色，下侧和腹部为银白色。体长可达 14 cm。

【生态习性】栖息江河、湖泊等缓流水域，主要以藻类、浮游动物等为食。

【地理分布】广布于我国东部黄河、淮河、长江、钱塘江等水系。

【龙游县内分布】主要见于衢江干流。

鲂 *Megalobrama mantschuricus* (Basilewsky, 1855)

【分类地位】鲤形目 Cypriniformes；鲴科 Xenocyprididae；鲂属 *Megalobrama*

【形态特征】背鳍 iii-7；臀鳍 iii-26～30；胸鳍 i-16；腹鳍 ii-8。侧线鳞 53～58，侧线下鳞 7～8。体侧扁而高，呈菱形。腹部自腹鳍基至肛门间具腹棱。口较窄，上下颌角质发达，上颌角质呈新月形。尾柄长大于尾柄高。侧线完全。背鳍刺长于头长。体呈灰黑色，腹侧银灰色。体侧鳞片中间浅色，边缘灰黑色。体长可达 28 cm。

【生态习性】栖息于江河、湖泊等宽阔水域，主要摄食水生植物和水生无脊椎动物。

【地理分布】广布于我国东部黑龙江至闽江的各主要水系。

【龙游县内分布】见于衢江干流。

细鳞鲴 *Xenocypris microlepis* Bleeker, 1871

【分类地位】鲤形目 Cypriniformes：鲴科 Xenocyprididae：鲴属 *Xenocypris*

【形态特征】背鳍iii-7；臀鳍iii-10～14；胸鳍i-15～16；腹鳍i-8～9。侧线鳞72～84。第一鳃弓外侧鳃耙40～48。下咽齿3行。体长而侧扁。肛门前腹棱长，其长度为腹鳍基后缘至臀鳍起点距离的3/4。吻钝。口下位，略呈弧形。无须。下颌具角质边缘。除头部外全身被较细小的鳞。侧线完全。体背部银灰色，体侧和腹部银白色。尾鳍橘黄色，其余各鳍浅黄色。体长可达32 cm。

【生态习性】栖息于水流较缓、水面宽阔的河流、湖泊和水库的中下层，主要以藻类、底栖动物和腐殖质等为食。

【地理分布】广泛分布于我国东部各主要水系。

【龙游县内分布】见于衢江干流及灵山港下游。

黄尾鲴 *Xenocypris davidi* Bleeker, 1871

【分类地位】鲤形目 Cypriniformes：鲴科 Xenocyprididae：鲴属 *Xenocypris*

【形态特征】背鳍iii-7；臀鳍iii-9～11；胸鳍i-15～16；腹鳍i-8。侧线鳞63～68。第一鳃弓外侧鳃耙40～56。下咽齿3行。体延长而侧扁。腹部无腹棱或在肛门前有短的腹棱，其长度仅为腹鳍基后缘至臀鳍起点距离的1/4～1/3。吻钝。口下位，略呈弧形。无须。下颌前缘有薄的角质层。除头部外全身被较小的鳞。侧线完全，呈浅弧形。体背侧灰黑色，体侧下部和腹侧银白色。鳃盖后缘有一浅黄色斑。尾鳍黄色，其余各鳍浅色。体长可达28 cm。

【生态习性】多栖息于水面宽阔的江河缓流区，取食附生藻类、有机碎屑和水生昆虫等。

【地理分布】分布于黄河、长江、珠江及东南沿海各水系。

【龙游县内分布】见于衢江干流。

圆吻鲴 *Distoechodon tumirostris* Peters, 1881

【分类地位】鲤形目 Cypriniformes；鲴科 Xenocyprididae；圆吻鲴属 *Distoechodon*

【形态特征】背鳍iii-7；臀鳍iii-9～10；胸鳍 i-15～16；腹鳍 i-8。侧线鳞69～84。第一鳃弓外侧鳃85～122。下咽齿2行。体延长而侧扁。腹部无腹棱或腹棱极弱。吻钝，吻皮向前突起。口下位，宽而横裂。下颌前缘有发达的角质。无须。除头部外全身被鳞。侧线完全。体背部银灰色，体侧和腹部银白色。背鳍和尾鳍灰黑色，胸鳍、腹鳍和臀鳍前部呈橘红色，后部灰白色。体长可达 30 cm。

【生态习性】栖息于水面宽阔、具流水的溪流、江河，刮食附生藻类和有机碎屑等。

【地理分布】黄河、长江、珠江以及东南沿海各水系。

【龙游县内分布】见于衢江干流和灵山港下游。

兴凯鱊 *Acheilognathus chankaensis* (Dybowski, 1872)

【分类地位】鲤形目 Cypriniformes；鲤科 Cyprinidae；鱊属 *Acheilognathus*

【形态特征】背鳍ⅲ-10～14；臀鳍ⅲ-10～11；胸鳍ⅰ-14～17。侧线鳞32～37；背鳍前鳞11～15。体侧扁，近卵圆形。口亚下位，口角通常无须，或偶有短如突起。背鳍和臀鳍的末根不分支鳍条粗壮，显著粗于首枚分支鳍条。繁殖期的雄性体侧中部自背鳍起点下方至尾柄末端隐具一蓝灰色纵纹；腹鳍前缘具白边；臀鳍白色，外缘具较宽的黑边。体长可达 10 cm。

【生态习性】多栖息于植被茂盛、水流较缓的湖泊和河流中，以附生藻类、有机碎屑、水生无脊椎动物等为食。

【地理分布】广布于我国东部各主要水系。

【龙游县内分布】见于模环溪下游。

大鳍鱊 *Acheilognathus macropterus* (Bleeker, 1871)

【**分类地位**】鲤形目 Cypriniformes；鲤科 Cyprinidae；鱊属 *Acheilognathus*

【**形态特征**】背鳍 iii-15～18；臀鳍 iii-12～14；胸鳍 i-13～16。侧线鳞 33～38；背鳍前鳞 11～16。体侧扁，近卵圆形。口亚下位；口角须 1 对，突起状，或缺失。背鳍和臀鳍的末根不分支鳍条粗壮，显著粗于首枚分支鳍条。繁殖期的雄鱼背鳍具窄黑边，臀鳍具窄白边；体侧第五至第六枚侧线鳞上方具 1 蓝黑色圆斑；体侧中央自背鳍起点下方至近尾柄末端具一蓝黑色条纹。体长可达 12 cm。

【**生态习性**】喜栖息于江河、湖泊等植被茂盛的缓静水域，主要以藻类、水生维管束植物的嫩芽、无脊椎动物等为食。

【**地理分布**】广布于我国东部各主要水系。

【**龙游县内分布**】见于衢江干流和模环溪中下游。

多鳞鱊 *Acheilognathus polylepis* (Woo, 1964)

【分类地位】鲤形目 Cypriniformes；鱊科 Acheilognathidae；鱊属 *Acheilognathus*

【形态特征】背鳍ⅲ-12～14；臀鳍ⅲ-9～10；胸鳍ⅰ-13～14。侧线鳞37～39；背鳍前鳞11～13。体侧扁而延长。口亚下位；口角具1对短须。背鳍和臀鳍的末根不分枝鳍条较为粗壮，略粗于首枚分枝鳍条。繁殖期雄鱼眼虹膜及腹部橙红色；体侧中央自背鳍起点下方至近尾柄末端有一蓝绿色纵纹；腹鳍前缘和臀鳍外缘具白边；背鳍和尾鳍后部浅红色。体长可达8 cm。

【生态习性】栖息于水流较缓的江河中，以附生藻类、有机碎屑、水生无脊椎动物等为食。

【地理分布】分布于长江中下游和钱塘江流域。

【龙游县内分布】见于衢江干流。

斜方鱊 *Acheilognathus rhombeus* (Temminck & Schlegel, 1846)

【分类地位】鲤形目 Cypriniformes；鱊科 Acheilognathidae；鱊属 *Acheilognathus*

【形态特征】背鳍 iii-12～13；臀鳍 iii-9～11。侧线鳞 37～40。体侧扁，近卵圆形。口亚下位；口角具 1 对短须。背鳍和臀鳍的末根不分支鳍条较为粗壮，略粗于首枚分支鳍条。繁殖期雄鱼吻部发达、前突，遍布珠星；眼虹膜红色；头部及腹部浅红色；背鳍、臀鳍、腹鳍和尾鳍粉红色；体侧中央自背鳍起点下方至近尾柄末端有一不明显的蓝绿色纵纹。体长可达 8 cm。

【生态习性】栖息于水流缓静的湖泊和江河中。偏植食性，摄食丝状藻、水生维管束植物、有机碎屑、无脊椎动物等。

【地理分布】广布于我国东部黄河、淮河、长江、钱塘江等流域。

【龙游县内分布】见于衢江干流。

方氏鳑鲏 *Rhodeus fangi* (Miao, 1934)

【分类地位】鲤形目 Cypriniformes：鳑科 Acheilognathidae：鳑鲏属 *Rhodeus*

【形态特征】背鳍iii-9～12；臀鳍iii-10～11。纵列鳞33～34；侧线鳞4～6；背鳍前鳞13～15。体侧扁，呈纺锤形。口近端位。背鳍和臀鳍的末根不分支鳍条粗壮，明显粗于各自首枚分支鳍条。成年雄鱼眼虹膜红色；鳃盖后上方具一蓝黑色斑点；体侧具一蓝色纵纹，从尾柄末端延伸至背鳍起点之前；背鳍和臀鳍边缘具外黑内红的相间条纹。体长可达 6 cm。

【生态习性】多栖息于湖泊、江河和溪流下游等缓流水域，以水生无脊椎动物、有机碎屑等为食。

【地理分布】广布于我国长江及以南各主要水系。

【龙游县内分布】见于模环溪、塔石溪和芝溪。

中华鳑鲏 *Rhodeus sinensis* Günther, 1868

【分类地位】鲤形目 Cypriniformes；鱊科 Acheilognathidae；鳑鲏属 *Rhodeus*

【形态特征】背鳍iii-9～10；臀鳍iii-9～10。纵列鳞32～35；侧线鳞2～5；背鳍前鳞13～16。体侧扁，呈卵圆形。口近端位。背鳍末根不分支鳍条较粗壮，略粗于首枚分支鳍条；臀鳍末根不分支鳍条细弱，与首枚分支鳍条粗细相近。繁殖期雄鱼虹膜橘红色；腹部黄色；鳃盖后上方具一蓝黑色斑点；体侧第四枚纵列鳞附近有一条蓝色横纹；体侧中央自背鳍中部下方至尾柄末端具一条蓝色纵纹；背鳍和臀鳍外缘具外黑内红的相间条纹；尾鳍中部橙红色。雌鱼通体黄褐色，鳃盖后上方亦具有一蓝黑色斑点。体长可达6 cm。

【生态习性】多栖息于湖泊、江河和溪流下游等缓静水域，以水生无脊椎动物、有机碎屑等为食。

【地理分布】广布于我国东部各水系。国外记录于朝鲜半岛和俄罗斯。

【龙游县内分布】见于模环溪、塔石溪和灵山港。

高体鳑鲏 *Rhodeus ocellatus* (Kner, 1866)

【分类地位】鲤形目 Cypriniformes：鳑科 Acheilognathidae：鳑鲏属 *Rhodeus*

【形态特征】背鳍iii-10～12；臀鳍iii-10～12。纵列鳞33～35；侧线鳞3～7；背鳍前鳞14～17。体侧扁，呈纺锤形。口亚下位。背鳍和臀鳍的末根不分支鳍条细弱，与各自首枚分支鳍条粗细相近。繁殖期雄鱼眼虹膜深红色；头部腹面、腹部和尾柄大部鲜红色；体侧中央自背鳍中部下方至尾柄近末端具一条深蓝色纵纹；背鳍外缘具红边；臀鳍外缘具窄黑边；尾鳍中部红色。体长可达6 cm。

【生态习性】多栖息于湖泊、江河等植被丰富的缓静水域，以附生藻类、有机碎屑、小型无脊椎动物等为食。

【地理分布】广布于我国东部各水系。国外记录于俄罗斯、越南和朝鲜半岛。

【龙游县内分布】见于衢江干流及各主要支流。

花䱻 *Hemibarbus maculatus* Bleeker, 1871

【分类地位】鲤形目 Cypriniformes；鲤科 Cyprinidae；䱻属 *Hemibarbus*

【形态特征】背鳍 iii-7；臀鳍 iii-6；胸鳍 i-16～19；腹鳍 i-8。侧线鳞 47～50；背鳍前鳞 13～16。第一鳃弓外侧鳃耙 6～10。体稍侧扁，腹部圆，尾柄较短。头长小于体高。吻长小于或等于眼后头长。口略小，下位，稍近半圆形。唇薄，下唇侧叶极狭窄。口角须 1 对，较短，长度为眼径的 0.5～0.7 倍。体鳞较小。侧线完全。背鳍末根不分枝鳍条为光滑硬刺，长而粗壮，其长约等于头长。体背和体侧上部青灰色，且具黑褐色小斑，腹部白色。体侧沿侧线上方具 7～11 个大黑斑。背鳍和尾鳍具黑褐色斑点。体长可达 32 cm。

【生态习性】多栖息于溪流下游及河流的缓流区域，主要以底栖动物为食。

【地理分布】广布于我国东部各主要水系。

【龙游县内分布】见于衢江干流。

唇䱹 *Hemibarbus labeo* (Pallas, 1776)

【分类地位】鲤形目 Cypriniformes；鮈科 Gobionidae；䱹属 *Hemibarbus*

【形态特征】背鳍iii-7；臀鳍iii-6；胸鳍 i-17～20；腹鳍 i-8。侧线鳞 47～50；背鳍前鳞 12～15。第一鳃弓外侧鳃耙 15～20。体稍侧扁，胸腹部稍圆。头长大于体高。吻长大于眼后头长。口大，下位，呈马蹄形，口角不达眼前缘。唇厚，下唇大，两侧叶极宽厚，具褶皱。口角须 1 对。侧线完全。背鳍刺粗壮，后缘光滑，其长约为头长的 2/3。体背青灰色，腹部白色。体长可达 30 cm。

【生态习性】栖息于溪流、江河等流水环境。肉食性，主要以水生无脊椎动物为食。

【地理分布】我国东部各主要水系。俄罗斯、朝鲜、日本、越南和老挝也有分布。

【龙游县内分布】见于衢江干流和灵山港。

麦穗鱼 *Pseudorasbora parva* (Temminck & Schlegel, 1846)

【**分类地位**】鲤形目 Cypriniformes；鮈科 Gobionidae；麦穗鱼属 *Pseudorasbora*

【**形态特征**】背鳍iii-7；臀鳍ii-6；胸鳍i-11~14；腹鳍i-7。侧线鳞33~38；背鳍前鳞12~14；围尾柄鳞12~14。体长而侧扁，腹部圆，体长为体高的3.4~4.3倍。吻短而尖出。口小，上位。唇薄。无须。体被圆鳞。侧线完全。体黄灰或青灰色，腹部银白色。幼鱼体侧自吻端至尾鳍基具1条黑色纵纹，体侧鳞片后缘具半月形暗斑。繁殖季雄鱼暗黑色，头部具白色珠星。体长可达10 cm。

【**生态习性**】栖息于江河、湖泊、池塘、水库、水田和沟渠中，主要以小型无脊椎动物和有机碎屑等为食。

【**地理分布**】广布于我国东部各主要水系。

【**龙游县内分布**】见于衢江干流和各支流。

小口小鳔鮈 *Microphysogobio microstomus* Yue, 1995

【分类地位】鲤形目 Cypriniformes；鮈科 Gobionidae；小鳔鮈属 *Microphysogobio*

【形态特征】背鳍iii-7；臀鳍iii-6；胸鳍 i-10～11；腹鳍 i-7。侧线鳞 36～37；背鳍前鳞 9～10。体稍侧扁，腹部平坦或稍圆。体长为体高的 4.7～5.5 倍。头长大于或等于体高。吻短钝，吻长等于或略大于眼径。口小，下位，深弧形。唇较薄，不发达，上唇几近光滑，下唇乳突细小。上下颌具不发达的角质边缘。口角须 1 对，长度不及眼径的 1/3。胸鳍之前裸露无鳞。侧线完全。背鳍稍短，起点距吻端等于或小于自背鳍基部后端至尾鳍基的距离。胸鳍长，后端尖，近达腹鳍起点。体背部和体侧上半部浅黄灰色，下半部白色，稍带黄色。体侧沿侧线有 1 条浅灰黑色细纵纹。背鳍和尾鳍具许多由短黑条组成的斑纹，胸鳍偶见黑点。体长可达 6 cm。

【生态习性】栖息于江河、湖泊、溪流的缓流水域，以有机碎屑、底栖无脊椎动物等为食。

【地理分布】分布于长江下游及临近水系。

【龙游县内分布】见于衢江干流，以及模环溪、芝溪等支流下游。

张氏小鳔鮈 *Microphysogobio zhangi* Huang, Zhao, Chen & Shao, 2017

【分类地位】鲤形目 Cypriniformes；鮈科 Gobionidae；小鳔鮈属 *Microphysogobio*

【形态特征】背鳍 iii-7；臀鳍 iii-5；胸鳍 i-11～12；腹鳍 i-7。侧线鳞 35～36；背鳍前鳞 9～10。第一鳃弓外侧鳃数 11～13。体细长，前部近圆筒形，后部略侧扁。吻短钝。口小，下位。上下唇较厚，具乳突；下唇中叶分裂状。口角须 1 对，中等长，为眼径的 53.5%～69.9%。体大部被圆鳞，胸部裸露无鳞。侧线完全，前部微下弯，后部平直。体大部灰褐色，腹面白色；体侧具 6～7 个不明显的黑色斑块。头背侧具 1 黑色条纹横贯两眼；背鳍和尾鳍具不明显的黑色细斑，呈条纹状分布。体长可达 7 cm。

【生态习性】栖息于溪流、江河等缓流水域，以底栖藻类、无脊椎动物等为食。

【地理分布】分布于长江中下游、珠江的漓江支流和钱塘江。

【龙游县内分布】见于衢江干流和灵山港中下游。

黑鳍鳈 *Sarcocheilichthys nigripinnis* (Günther, 1873)

【分类地位】鲤形目 Cypriniformes；鮈科 Gobionidae；鳈属 *Sarcocheilichthys*

【形态特征】背鳍iii-7；臀鳍iii-6；胸鳍 i-14～15；腹鳍 i-7。侧线鳞 37～40。体稍侧扁，腹部圆。尾柄稍短，体长为尾柄长的 5.0 倍以上。吻短而圆钝。口小，下位，呈弧形。下唇侧叶较狭窄，前伸几达下颌前缘。下颌前缘角质层较薄。须退化，一般仅留痕迹。体被圆鳞。侧线完全。背鳍无硬刺，背鳍起点距吻端远小于至尾鳍基的距离。体背和体侧青灰色或黄灰色，腹部白色。体侧具不规则的黑色斑纹。鳃盖后缘有一黑色条斑。胸鳍、腹鳍和臀鳍浅黄色或橘黄色，前缘具完全的白边。繁殖期雄鱼眼上缘橘红色，头腹面和胸部也为橘红色。体长可达 13 cm。

【生态习性】栖息于河流、湖泊等缓流水域，以无脊椎动物、有机碎屑等为食。

【地理分布】我国长江及以南各主要水系。

【龙游县内分布】见于衢江干流，以及灵山港和芝溪中下游。

小鳈 *Sarcocheilichthys parvus* Nichols, 1930

【**分类地位**】鲤形目 Cypriniformes；鮈科 Gobionidae；鳈属 *Sarcocheilichthys*

【**形态特征**】背鳍iii-7；臀鳍iii-6；胸鳍 i-13～14；腹鳍 i-7。侧线鳞 35～36。体高，略侧扁，腹部圆，体长为体高的 4.0 倍以下。吻短钝。口小，下位，马蹄形，口长等于口宽。唇稍厚，下唇仅限于口角。下颌前缘具发达的角质边缘。口角须 1 对，细微。体被圆鳞，胸腹部具鳞。侧线完全。背鳍末根不分枝鳍条柔软。体灰色，背部色深。体侧从吻端到尾鳍基部有 1 条黑色纵纹。背鳍灰色，其余各鳍浅橘黄色，多数个体的体背上部和鳍条上有细微的小黑点。体长可达 7 cm。

【**生态习性**】栖息于溪流水流比较平缓的沿岸浅水中，以无脊椎动物、有机碎屑等为食。

【**地理分布**】广布于长江及以南各水系。

【**龙游县内分布**】见于灵山港和罗家溪。

华鳈 *Sarcocheilichthys sinensis sinensis* Bleeker, 1871

【分类地位】鲤形目 Cypriniformes；鮈科 Gobionidae；鳈属 *Sarcocheilichthys*

【形态特征】背鳍iii-7；臀鳍iii-6；胸鳍 i-14～17；腹鳍 i-7。侧线鳞 40～42；围尾柄鳞 16。下咽齿 1 行。体略高，稍侧扁，腹部圆。眼间距宽，头长为眼间距的 2.0～2.4 倍。吻圆钝。口小，下位，马蹄形，口宽大于口长。唇简单，下唇仅限于口角处。下颌前缘具发达的锐利角质缘。口角须 1 对，细微。体被圆鳞，胸腹部具鳞。侧线完全。背鳍末根不分枝鳍条基部较硬，上段柔软分节。体背和体侧灰黄色，腹部灰白色。体侧具 4 条垂直的黑色宽纹。各鳍黑色，有黄边。体长可达 15 cm。

【生态习性】栖息于江河、湖泊的缓静水域，以无脊椎动物、有机碎屑等为食。

【地理分布】广布于我国东部各主要水系。

【龙游县内分布】见于衢江干流。

蛇鮈 *Saurogobio dabryi* Bleeker, 1871

【分类地位】鲤形目 Cypriniformes；鮈科 Gobionidae；蛇鮈属 *Saurogobio*

【形态特征】背鳍iii-8；臀鳍iii-6；胸鳍 i-13～15；腹鳍 i-7。侧线鳞47～50；背鳍前鳞10～14。第一鳃弓外侧鳃数9～12。体长，圆筒形，腹部平坦。尾柄略短粗，头长为尾柄高的4.0倍以下。头较长，体长为头长的5.5倍以下。吻近圆锥形。口下位，马蹄形。唇厚而发达，具显著乳突。口角须1对，须长小于眼径。胸鳍基部之前无鳞。侧线完全。体背和体侧上部灰褐色或灰黄色，腹部银白色。体侧中部有10～12个黑斑。体长可达17 cm。

【生态习性】栖息于江河底层，主要以底栖无脊椎动物和有机碎屑为食。

【地理分布】广布于我国东部各主要水系。国外分布于俄罗斯、朝鲜和越南。

【龙游县内分布】见于衢江干流。

长蛇鮈 *Saurogobio dumerili* Bleeker, 1871

【分类地位】鲤形目 Cypriniformes；鮈科 Gobionidae；蛇鮈属 *Saurogobio*

【形态特征】背鳍 iii-7；臀鳍 iii-6；胸鳍 i-14～15；腹鳍 i-7。侧线鳞 55～61；背鳍前鳞 14～16。第一鳃弓外侧鳃数 4～5。体极长，圆筒形，腹部平坦。尾柄细长，头长为尾柄高的 2.3～3.2 倍。头短小，体长为头长的 5.5～6.5 倍。吻短，前端略尖。口下位，深弧形。唇厚，具细小乳突。口角须 1 对，须长等于或稍小于眼径。胸部具鳞。侧线完全。体背和体侧上部青灰色，腹部银白色。体上侧鳞片基部具圆形或不规则黑斑。体长可达 26 cm。

【生态习性】栖息于江河、湖泊底层。以肉食性为主的杂食性鱼类。

【地理分布】长江、钱塘江、黄河和辽河等水系。

【龙游县内分布】见于衢江干流。

似鮈 *Pseudogobio vaillanti* (Sauvage, 1878)

【分类地位】鲤形目 Cypriniformes：鮈科 Gobionidae：似鮈属 *Pseudogobio*

【形态特征】背鳍iii-7；臀鳍iii-6；胸鳍i-13～15；腹鳍i-7。侧线鳞39～42；背鳍前鳞11～13。第一鳃弓外侧鳃耙10～13。体长而粗壮，前段圆筒形，胸腹部平。尾柄短粗，略侧扁，尾柄长为高的2.0倍以下。口下位，深弧形。唇厚，具乳突，下唇中叶椭圆形。口角须1对，较粗，长度约等于眼径。胸鳍基部之前裸露无鳞。侧线完全。背鳍无硬刺。胸鳍短，末端不达腹鳍起点。体背和体侧灰褐色，腹部灰白色。横跨背部有5个大黑斑。体侧沿侧线有6～9个黑斑。背鳍和尾鳍散布许多小黑点，排成条纹。体长可达18 cm。

【生态习性】栖息于溪河、江河的流水区域。底栖性鱼类，主要以水生昆虫和底栖动物等为食。

【地理分布】广布于我国东部各主要水系。

【龙游县内分布】见于灵山港上游和衢江干流。

棒花鱼 *Abbottina rivularis* (Basilewsky, 1855)

【分类地位】鲤形目 Cypriniformes；鮈科 Gobionidae；棒花鱼属 *Abbottina*

【形态特征】背鳍ⅲ-7；臀鳍ⅲ-5；胸鳍 i-10～12；腹鳍 i-7。侧线鳞 35～39；背鳍前鳞 10～13。体前部近圆筒形，后部侧扁，腹部圆。吻略尖长。上下颌无角质边缘。上下唇几乎光滑，有时稍具不明显褶纹或乳突。口角须 1 对。胸鳍基部之前裸露。侧线完全。背鳍外缘呈明显的圆弧形。体背和体侧上部灰褐色，体侧下部和腹部银白色。眼前至吻端具 1 条黑色细纹。横跨背部有 5 个大黑斑，体侧具 7～8 个黑斑。各鳍黄色，背鳍和尾鳍具小黑斑。雄性背鳍较雌性宽大。体长可达 10 cm。

【生态习性】栖息于河流、湖泊等缓水水域，为底栖杂食性鱼类，主要以底栖无脊椎动物和有机碎屑为食。

【地理分布】广布于我国东部各主要水系。国外分布于俄罗斯、朝鲜和日本。

【龙游县内分布】见于衢江干流和各支流中下游。

银鮈 *Squalidus argentatus* (Sauvage & Dabry de Thiersant, 1874)

【**分类地位**】鲤形目 Cypriniformes；鮈科 Gobionidae；银鮈属 *Squalidus*

【**形态特征**】背鳍 iii-7；臀鳍 iii-6；胸鳍 i-14～16；腹鳍 i-7～8。侧线鳞 39～42。体前部近圆筒形，后部稍侧扁，腹部圆。吻稍尖。口亚下位，略呈马蹄形。上下颌无角质边缘。唇薄而光滑。口角须 1 对，须长等于或略长过眼径。胸腹部具鳞。侧线完全。体背和体侧上部灰褐色或青灰色，体侧下部和腹部银白色。体侧侧线上方有一较宽的灰黑色纵纹。各鳍浅灰色。体长可达 14 cm。

【**生态习性**】栖息于江河、溪流、湖泊等缓静水域，以小型无脊椎动物、有机碎屑等为食。

【**地理分布**】广布于我国东部各主要水系。

【**龙游县内分布**】主要见于衢江干流和各支流下游。

点纹银鮈 *Squalidus wolterstorffi* (Regan, 1908)

【分类地位】鲤形目 Cypriniformes：鮈科 Gobionidae：银鮈属 *Squalidus*

【形态特征】背鳍iii-7；臀鳍iii-6；胸鳍 i-13～15；腹鳍 i-7。侧线鳞33～35。体稍侧扁，胸腹部圆。吻短，稍尖。口亚下位，上颌略长于下颌。上下颌无角质边缘。口角须1对，须长等于或稍大于眼径。胸腹部具鳞。侧线完全。体背和体侧上部灰黄色或青灰色，体侧下部和腹部银白色。侧线上有1条灰黑色纵纹。侧线每个鳞片均具一黑点。各鳍浅灰色。体长可达9 cm。

【生态习性】栖息于溪流中上游，以小型无脊椎动物、有机碎屑等为食。

【地理分布】黄河、长江、富春江、闽江和珠江等水系。

【龙游县内分布】见于各支流中上游。

细纹颌须鮈 *Gnathopogon taeniellus* (Nichols, 1925)

【**分类地位**】鲤形目 Cypriniformes；鮈科 Gobionidae；颌须鮈属 *Gnathopogon*

【**形态特征**】背鳍iii-7；臀鳍iii-6；胸鳍i-12～14；腹鳍i-7。侧线鳞35～36；背鳍前鳞11～13；围尾柄鳞16。体稍侧扁，腹部圆。头短小，头长小于或等于体高。口裂较小，颌骨末端不达眼前缘的下方。口宽大于口长。口角须1对，其长约为眼径的2/3。体被鳞，胸腹部具鳞。侧线完全。背鳍起点距吻端较至尾鳍基为近或相等。背鳍起点和腹鳍起点相对。体背和体侧灰黑色或灰褐色，腹部白色。沿背部正中和体侧具多条黑色细纵纹。背鳍上部具小黑斑组成的条纹。体长可达10 cm。

【**生态习性**】栖息于溪流，主要以有机碎屑、昆虫幼虫和石上附生的藻类等为食。

【**地理分布**】福建闽江水系和浙江各水系。

【**龙游县内分布**】见于灵山港。

衢江花鳅 *Cobitis qujiangensis* (Chen & Chen, 2017)

【分类地位】鲤形目 Cypriniformes：鳅科 Cobitidae：花鳅属 *Cobitis*

【形态特征】背鳍iii-7；臀鳍iii-5；胸鳍i-6；腹鳍i-6。体长而侧扁。吻钝圆，吻长短于眼后头长。口小，下位，具3对须。眼下刺分叉。下唇和下颌分离，颏叶不发达。头部裸露无鳞，体鳞较小，圆形，鳞焦大，具26～28条初生辐射沟，4～8个次生辐射沟。体侧中轴下方有15～19条垂直条纹，中轴上方密布不规则斑纹；尾鳍基部上角有一深黑色斑；背鳍和尾鳍具3～4列黑色斑点；头部具一黑色条纹自吻端贯穿眼部延伸到后头部。雌雄形态相近。体长可达7 cm。

【生态习性】栖息于溪流中水流较平缓的泥沙质底水域。杂食性，主要以小型无脊椎动物、有机碎屑和藻类等为食。

【地理分布】仅分布于钱塘江水系的衢江流域。

【龙游县内分布】见于灵山港上游。

泥鳅 *Misgurnus anguillicaudatus* (Cantor, 1842)

【分类地位】鲤形目 Cypriniformes；鳅科 Cobitidae；泥鳅属 *Misgurnus*

【形态特征】背鳍iii-7～8；臀鳍iii-5～6；胸鳍 i-7～9；腹鳍 i-5～6。纵列鳞140～170。体长条形，前部近圆筒形，后部侧扁。头较小。吻部较尖，吻长小于眼后头长。前后鼻孔紧相邻。眼较小。无眼下刺。口下位。唇厚。上颌正常，下颌匙状。须5对。体被细鳞。侧线不完全，终止于胸鳍上方。背鳍末根不分枝鳍条软。尾鳍圆形。尾柄上下缘具与尾鳍相连的皮褶，上缘皮褶达臀鳍上方，下缘皮褶达到或接近臀鳍基末端。体背和体侧灰色或金黄色，腹部白色或略带黄色。体背和体侧散布黑斑，尾鳍基上方具1个小黑斑。体长可达20 cm。

【生态习性】喜栖息于水田、沟渠、河流和湖泊等浅水缓流或静水泥底环境。杂食性，主要以底栖动物和有机碎屑等为食。

【地理分布】我国东部和南部各主要水系。国外分布于日本、朝鲜和越南。

【龙游县内分布】多见于各支流中下游。

原缨口鳅 *Vanmanenia stenosoma* (Boulenger, 1901)

【分类地位】鲤形目 Cypriniformes：腹吸鳅科 Gastromyzontidae：原缨口鳅属 *Vanmanenia*

【形态特征】背鳍iii-7；臀鳍ii-5；胸鳍i-13～14；腹鳍i-7。侧线鳞83～99。体前段圆筒形，后段稍侧扁，腹面平坦。尾柄高大于尾柄长。吻端圆钝，边缘较厚。口下位，宽大，呈深弧形。唇肉质，上唇表面无明显乳突，下唇表面具4个分叶状大乳突。吻沟前的吻褶分为3叶，吻褶叶间具2对小吻须。口角须2对。鳃裂较宽。体被细鳞，头背部和胸腹鳍起点的前1/3的腹面无鳞。侧线完全。背鳍起点在吻端至尾鳍基部的中点稍后。肛门约在腹鳍腋部至臀鳍起点间的2/3处。偶鳍平展，基部不具肉质鳍柄。左右腹鳍不相连，基部背面具皮质鳍瓣。尾鳍末端凹形，下叶稍长。头背部和体侧具大小不等的虫蚀状斑纹或斑块。体长可达9 cm。

【生态习性】栖息于水流较急的石砾质底溪流，利用胸鳍和腹鳍吸附于石块上，刮食石块上的附生藻类和有机碎屑。

【地理分布】长江下游和浙江各主要水系。

【龙游县内分布】见于本县南部各支流中上游。

黄鳝 *Monopterus albus* (Zuiew, 1793)

【**分类地位**】合鳃鱼目 Synbranchiformes；合鳃鱼科 Synbranchidae；黄鳝属 *Monopterus*

【**形态特征**】体细长，鳗形。口亚下位，口裂长。上颌长于下颌。上下颌及腭骨具齿。唇较厚。左右鳃孔在头腹面喉区愈合成一倒"V"形裂缝。体光滑，无鳞。侧线完全。无胸鳍和腹鳍，背鳍和臀鳍均退化成皮褶，与尾鳍相连。体黄褐色、黄绿色或灰褐色，腹侧色浅。体长可达 70 cm。

【**生态习性**】多见于稻田、池塘、湿地等环境，喜栖息于水生植被较多的泥底浅水区，穴居。夜行性，主要以蚯蚓、水生昆虫和蝌蚪等小动物为食。

【**地理分布**】我国南北各主要水系。

【**龙游县内分布**】见于各支流中下游。

中华刺鳅 *Sinobdella sinensis* (Bleeker, 1870)

【分类地位】合鳃鱼目 Synbranchiformes；刺鳅科 Mastacembelidae；中华刺鳅属 *Sinobdella*

【形态特征】背鳍XXVI～XXVIII，55~63；臀鳍Ⅲ-57~64；胸鳍20～22。体呈鳗形，稍侧扁。头小而尖。吻尖长。眼下方眶前骨具一小刺。口端位。唇褶发达。口腔顶部口腔膜发达，中央有1条纵褶。上下颌齿多行。前鳃盖骨无棘，边缘不游离。头、体被小圆鳞。无侧线。背鳍基底长，前部为多枚游离小棘，可倒伏于背正中的沟内。臀鳍第二鳍棘较大。背鳍、臀鳍鳍条部与尾鳍连续。腹鳍消失。体呈黄褐色或浅褐色，体侧常具白色垂直纹，与色暗的纹相间组成多条栅状横斑。头部和腹侧有小圆斑，或相连形成网状。体长可达20 cm。

【生态习性】栖息于多水草的浅水区，主要以水生昆虫和小型鱼虾等为食。繁殖期6—7月。

【地理分布】广布于我国东部各主要水系。

【龙游县内分布】见于灵山港和社阳溪。

鲇 *Silurus asotus* Linnaeus, 1758

【分类地位】鲇形目 Siluriformes；鲇科 Siluridae；鲇属 *Silurus*

【形态特征】背鳍 4~5；臀鳍 75~86；胸鳍 I -9~13，腹鳍 i -12~13。体前部略呈短圆筒形，后部渐侧扁。头钝圆。口大，次上位，弧形。口裂浅，伸达眼前缘垂直下方。下颌突出于上颌。上下颌具绒毛状细齿，形成弧形宽齿带。须 2 对。无鳞。侧线完全。背鳍小，无硬刺。胸鳍硬刺前、后缘均具锯齿。无脂鳍。尾鳍微凹，上下叶约等长。体灰褐色，具不规则深色斑块。体长可达 60 cm。

【生态习性】栖息于江河、湖泊、溪流的缓流水域，主要以其他鱼类和甲壳类为食。

【地理分布】广布于我国东部各水系。

【龙游县内分布】见于衢江干流及各支流。

盎堂拟鲿 *Tachysurus ondon* (Shaw, 1930)

【分类地位】鲇形目 Siluriformes；鲿科 Bagridae；拟鲿属 *Tachysurus*

【形态特征】背鳍Ⅰ-7；臀鳍 i -19~21；胸鳍Ⅰ-8；腹鳍 i -5。游离脊椎骨数 42~45。体前部近筒状，后部渐侧扁。头顶被皮肤，上枕骨棘长短于背鳍硬刺。吻宽厚。口下位，略呈弧形。上颌长于下颌。上下颌具绒毛状细齿，形成齿带。须 4 对，体无鳞。侧线完全。背鳍刺前后光滑。脂鳍后缘游离，脂鳍基短于臀鳍基，尾鳍后缘略凹或近平截。体灰褐色或金黄色，腹部色较淡。项部有一浅色的带纹。尾鳍后缘有窄的黄白色饰边。体长可达 20 cm。

【生态习性】栖息于江河中，底栖肉食性鱼类，主要以鱼虾为食。繁殖期 4—6 月，产黏性卵。

【地理分布】黄河、淮河、长江、汉水和瓯江等水系。

【龙游县内分布】见于本县南部各支流。

白边拟鲿 *Tachysurus albomarginatus* (Rendahl, 1928)

【分类地位】鲇形目 Siluriformes；鲿科 Bagridae；拟鲿属 *Tachysurus*

【形态特征】背鳍 II-6~7；臀鳍 i-17~19；胸鳍 I-7~8；腹鳍 i-5。鳃耙 12。游离脊椎骨数 44。体胸部粗圆，向后渐侧扁。头宽而平扁，头顶光滑，被厚皮肤，颅顶骨片不外露。吻钝圆而宽扁，口前吻部突出。口下位，浅弧形，闭合时上颌前端稍外露。上颌齿带呈棍状，下颌齿带新月形，中央断裂不连续。犁骨和腭骨具短弧形齿带。唇稍厚，边缘具褶皱。须 4 对，细短。体裸露无鳞。侧线完全。第一背鳍刺短小而光滑，第二背鳍刺长，后缘具弱锯齿。脂鳍底部游离。臀鳍基短于脂鳍。胸鳍刺后缘具锯齿。尾鳍后缘圆形。体黄褐色，尾鳍边缘白色。体长可达 17 cm。

【生态习性】栖息于溪流和江河的流水环境，以无脊椎动物和小型鱼类为食。

【地理分布】长江下游和浙江各主要水系。

【龙游县内分布】见于衢江干流和灵山港下游。

黄颡鱼 *Tachysurus fulvidraco* (Richardson, 1846)

【分类地位】鲇形目 Siluriformes；鲿科 Bagridae；拟鲿属 *Tachysurus*

【形态特征】背鳍Ⅱ-6~7；臀鳍 19~21；胸鳍Ⅰ-7~9；腹鳍 6-7。体前部较粗壮，后部侧扁。头背大部裸露，上枕骨棘宽短，接近项背骨。吻部背视钝圆。口大，下位，弧形。上下颌及腭骨均具绒毛状齿，排列呈带状。须 4 对，较粗壮。体无鳞。侧线完全。背鳍刺前缘光滑，后缘具细锯齿。脂鳍短。胸鳍刺前缘具细锯齿，后缘具粗壮锯齿。尾鳍深分叉，末端圆。体黄绿色，腹部淡黄色。体侧具 3 条淡黄色的垂直纹和 2 条较细的淡黄色纵纹，其间具 3 块灰黄色斑块。体长可达 23 cm。

【生态习性】喜栖息于水流缓慢、多水生植被的水域。底栖肉食性鱼类，主要以小鱼、小虾和水生昆虫等为食。

【地理分布】广泛分布于我国东部各主要水系。国外分布于俄罗斯、老挝和越南。

【龙游县内分布】见于衢江干流和各支流中下游。

光泽黄颡鱼 *Tachysurus nitidus* (Sauvage & Dabry de Thiersant, 1874)

【分类地位】鲇形目 Siluriformes：鲿科 Bagridae：拟鲿属 *Tachysurus*

【形态特征】背鳍Ⅱ-6~8；臀鳍ⅱ-21~25；胸鳍Ⅰ-7~8；腹鳍ⅰ-5~6。鳃耙7~12。体前部略呈圆筒形，后部侧扁。头顶大部裸露，上枕骨棘明显，末端接近项背骨但不连接。吻端钝圆。口下位，口裂呈弧形。上颌突出于下颌，上下颌及腭骨均具绒毛状细齿，呈齿带状。须4须，颌须短，后端不伸达胸鳍基部。体裸露无鳞，皮肤光滑。侧线完全。背鳍刺前缘光滑，后缘具细锯齿。脂鳍肥厚，基底长短于臀鳍基长，后缘游离。胸鳍硬刺前缘光滑，后缘具强锯齿。尾鳍深分叉。体灰黄色，体侧具2暗色斑块。体长可达17 cm。

【生态习性】栖息于湖泊、江河支流的中下层，主要以小鱼、小虾和水生昆虫等为食。

【地理分布】闽江、长江、钱塘江等水系。

【龙游县内分布】见于衢江干流。

浙江鮠 *Liobagrus chenhaojuni* Chen, Guo & Wu, 2024

【分类地位】鲇形目 Siluriformes；钝头鮠科 Amblycipitidae；鮠属 *Liobagrus*

【形态特征】背鳍Ⅱ-5~6；臀鳍 15~17；胸鳍Ⅰ-7~8；腹鳍 i-5~6。体前躯较圆，肛门以后渐侧扁。吻钝圆。上颌长于下颌。须 4 对；颌须后缘伸达胸鳍中部。上下颌具绒毛状细齿组成的齿带，下颌齿带中央分离。腭骨无齿带。背鳍位置较前。脂鳍后端与尾鳍相连。胸鳍刺后缘光滑无锯齿。肛门距腹鳍基较距臀鳍起点为近。尾鳍圆形。体灰褐色，散布浅色斑点；各鳍边缘浅色。体长可达 8 cm。

【生态习性】栖息于溪流急流卵石滩，主要以水生昆虫等为食。

【地理分布】浙江苕溪和钱塘江流域。

【龙游县内分布】仅见于灵山港上游。

大眼鳜 *Siniperca kneri* Garman, 1912

【**分类地位**】棘臀鱼目 Centrarchiformes：鳜科 Sinipercidae：鳜属 *Siniperca*

【**形态特征**】鳍XII -13~15；臀鳍III-9~10；胸鳍14~15；腹鳍I -5。侧线鳞98~105。鳃耙5~6。幽门盲囊70~91。体较高，侧扁，眼后背部向上平斜。眼大，大于眼间隔。口大，斜裂。下颌突出，上颌骨伸达眼后缘的前下方。上下颌、犁骨和腭骨均具细小齿群，上颌前端和下颌两侧齿稍扩大。前鳃盖骨边缘具细锯齿，下角和下缘各具2枚小棘。体被细小圆鳞，颊下部和鳃盖下部无鳞。侧线完全。尾鳍圆形。体黄褐色，腹部灰白色。自吻端经眼至背鳍第三棘下方具1条暗色斜纹。背侧面有5~6条不明显横纹。背鳍、臀鳍和尾鳍均有黑色点纹。体长可达20 cm。

【**生态习性**】喜栖息于江河缓流水域。肉食性，以鱼虾为食。

【**地理分布**】长江以南各水系。

【**龙游县内分布**】见于衢江干流。

斑鳜 *Siniperca scherzeri* Steindachner, 1892

【分类地位】棘臀鱼目 Centrarchiformes；鳜科 Sinipercidae；鳜属 *Siniperca*

【形态特征】背鳍ⅩⅢ-12~13，臀鳍Ⅲ-8~10，胸鳍14~15，腹鳍Ⅰ-5。侧线鳞96～125。鳃耙4～5。幽门盲囊78～108。长纺锤形，侧扁。吻尖。口端位，口裂大。下颌稍长于上颌，上颌骨后端几伸达眼后缘下方。上下颌、犁骨和腭骨均具绒毛状齿群，上颌前端和两侧有些齿稍扩大。前鳃盖骨后缘具锯齿，下缘有强棘。间鳃盖骨和下鳃盖骨下缘有弱锯齿。鳃盖骨后上角有2枚扁平棘。体被栉鳞。侧线完全。尾鳍圆形。体黄褐色，头体散布不规则深褐色圆斑。背部和体侧上部有4个黑褐色鞍状斑纹。体长可达18 cm。

【生态习性】喜栖息于有流水的砂石底环境。肉食性，捕食鱼类和甲壳动物。

【地理分布】我国东部鸭绿江至珠江的各水系。国外分布于朝鲜和越南。

【龙游县内分布】见于衢江干流和灵山港下游。

波纹鳜 *Siniperca undulata* Fang & Chong, 1932

【分类地位】棘臀鱼目 Centrarchiformes：鳜科 Sinipercidae：鳜属 *Siniperca*

【形态特征】背鳍XIII-10~11；臀鳍III-7~8；胸鳍14~15；腹鳍I-5。侧线鳞81~83。鳃耙6。幽门盲囊28~46。体侧扁。头较大。吻突出。眼较大。下颌稍长于上颌，上颌骨后端伸达眼中部稍后下方。上下颌、犁骨和腭骨具绒毛状细齿，上颌缝合部和下颌两侧有稍大的圆锥形齿。前鳃盖骨后缘具锯齿，下缘具2枚较大尖齿。鳃盖骨后缘具2枚扁平棘。间鳃盖骨和下鳃盖骨边缘呈锯齿状。体被细小圆鳞，头部无鳞。侧线完全。尾鳍圆形。体背侧深褐色，有时有棕黑色隐斑。眼下有一斜行灰褐色短纹。体侧具3~4条白色波状纵线纹。胸鳍基部有一半月形黑斑。体长可达13 cm。

【生态习性】喜栖息于有流水的砾石底质水域。肉食性，以鱼虾为食。

【地理分布】长江及以南各水系。

【龙游县内分布】见于衢江干流。

绿太阳鱼 *Lepomis auritus* Rafinesque, 1819

【分类地位】棘臀鱼目 Centrarchiformes；棘臀鱼科 Centrarchidae；太阳鱼属 *Lepomis*

【形态特征】背鳍Ⅹ-10～12；臀鳍Ⅲ-10～11。侧线鳞44～50。口大，亚上位。腮盖具黑色斑块，外缘黄白色；颊部具蓝绿色斑纹；体侧具蓝绿色不规则斑纹。成年个体臀鳍和背鳍基部具大黑斑。体长可达30 cm。

【生态习性】喜栖息于溪流、江河等流水环境。偏肉食性，主要捕食其他鱼类和水生无脊椎动物。

【地理分布】原产于北美地区。因养殖逃逸，现已在华东地区部分水系形成种群。

【龙游县内分布】见于衢江干流，以及灵山港、塔石溪和詹家溪等支流。

齐氏罗非鱼 *Coptodon zillii* (Gervais, 1848)

【**分类地位**】丽鱼目 Cichliformes：丽鱼科 Cichlidae：切非鲫属 *Coptodon*

【**形态特征**】背鳍XIII～XVI-10~14；臀鳍III-8~10。臀鳍硬棘3，软条8～10。口小，端位。眼虹膜红色；腹部红色；体侧具横竖交织的黑色斑纹；背鳍基部具黑色斑块；尾鳍、背鳍和臀鳍具黄色不规则淡斑。体长可达 20 cm。

【**生态习性**】主要栖息于江河、湖泊等缓静水域。偏植食性，主要以水生维管束植物和有机碎屑为食。

【**地理分布**】自然分布于非洲北部和中东地区。在我国为外来种，目前在长江以南多数水系均有入侵。

【**龙游县内分布**】见于衢江干流。

黏皮鲻虾虎鱼 *Mugilogobius myxodermus* (Herre, 1935)

【分类地位】虾虎鱼目 Gobiiformes：虾虎鱼科 Gobiidae：鲻虾虎鱼属 *Mugilogobius*

【形态特征】背鳍Ⅵ，Ⅰ-8～9；臀鳍Ⅰ-7～8；胸鳍16～17；腹鳍Ⅰ～5。纵列鳞35～40；横列鳞10～11；背鳍前鳞14～16。体延长，前部亚圆筒形，后部侧扁。头颇大，稍宽。颊部球形凸出。吻圆钝，略大于眼径。口中大，前位，斜裂。上颌稍长于下颌。上下颌齿细尖，多行，呈带状排列。唇发达。舌游离，前端近截形，不分叉。体被弱栉鳞，后部鳞较大，前部被圆鳞。第一背鳍起点向前至眼后，鳃盖上部、胸鳍基部、胸部和腹部均被圆鳞。吻部和颊部无鳞。无侧线。背鳍2个，分离，第一背鳍鳍棘均细弱，不呈丝状延长。左右腹鳍愈合成一吸盘。体背侧具许多不规则灰黑色斑点。颊部具暗红色虫状纹和斑点。第一背鳍第五、第六鳍棘中部有1个黑斑。第二背鳍中部具1条黑色纵纹。体长可达4 cm。

【生态习性】栖息于江河、湖泊的缓静水域，主要以小型无脊椎动物为食。

【地理分布】广布于我国东南部各主要水系。

【龙游县内分布】见于衢江干流。

波氏吻虾虎鱼 *Rhinogobius cliffordpopei* (Nichols, 1925)

【分类地位】虾虎鱼目 Gobiiformes；虾虎鱼科 Gobiidae；吻虾虎鱼属 *Rhinogobius*

【形态特征】背鳍Ⅵ，Ⅰ-8；臀鳍Ⅰ-8；胸鳍16～17；腹鳍Ⅰ-5。纵列鳞28～29；横列鳞9～10；背鳍前鳞0。体前部圆筒形，后部侧扁。头圆钝，前部宽而平扁。头部具5个感觉管孔。颊部稍凸出，具3纵行感觉乳突线。吻圆钝而长。口小，前位，上下颌约等长。体被中大弱栉鳞，吻部、颊部和鳃盖无鳞。项部在背鳍中央前方无小鳞。胸部、腹部和胸鳍基部均无鳞。无侧线。左右腹鳍愈合成一吸盘。头、体呈深褐色，体侧具6～7条深褐色横带或斑块。雌、雄鱼第一背鳍第一和第二鳍棘间的鳍膜上具1个蓝黑色大斑，有时雌鱼的不明显。有的个体两背鳍和胸鳍上缘均呈淡灰色。体长可达8 cm。

【生态习性】喜栖息于沙地、砾石和贝壳质底的湖岸、溪河浅滩区，常伏卧水底，间歇性缓慢游动。杂食性，主要以摇蚊幼虫、小虾、桡足类和枝角类等为食。

【地理分布】黑龙江至瓯江的东部平原水系。

【龙游县内分布】见于灵山港、模环溪等支流下游。

戴氏吻虾虎鱼 *Rhinogobius davidi* (Sauvage & Dabry de Thiersant, 1874)

【分类地位】虾虎鱼目 Gobiiformes；虾虎鱼科 Gobiidae；吻虾虎鱼属 *Rhinogobius*

【形态特征】背鳍Ⅵ，Ⅰ-9～10；臀鳍Ⅰ-6～8；胸鳍14～15；腹鳍Ⅰ-5。纵列鳞30～31；横列鳞11～12；背鳍前鳞0～4。体前部亚圆筒形，后部侧扁。头圆钝。雄鱼颊部颇凸出。吻圆钝而长，雄鱼吻部较雌鱼更为突出。口中大，前位，上下颌约等长。体被中大弱栉鳞，吻部、颊部和鳃盖无鳞。雄鱼无背鳍前鳞，雌鱼背鳍中央前方具3～4枚小鳞，眼后项部具1裸露区。胸部、腹部和胸鳍基部均无鳞。无侧线。左右腹鳍愈合成一吸盘。体侧隐具6～7个不规则黑斑。头部眼睛附近具2条深黑色条纹，其中一条由眼下缘向下垂直伸向口角处。颊部和鳃盖部无斑纹。雄鱼第一背鳍具1个黑斑，第二背鳍、臀鳍和尾鳍鳍膜无斑点，尾鳍基具一垂直条斑，胸鳍基部灰褐色，下方具一半月形浅色区。雌鱼第一和第二背鳍具3～5列小黑点，第一背鳍具1个黑斑，尾鳍具6～8行垂直褐斑，基部具2个褐斑，胸鳍基部黑褐色，具一半月形浅色区。体长可达5 cm。

【生态习性】栖息于溪流卵石底环境，主要以底栖无脊椎动物为食。

【地理分布】长江下游和浙江各水系。

【龙游县内分布】见于社阳溪、灵山港、罗家溪、塔石溪和模环溪中上游。

李氏吻虾虎鱼 *Rhinogobius leavelli* (Herre, 1935)

【**分类地位**】虾虎鱼目 Gobiiformes；虾虎鱼科 Gobiidae；吻虾虎鱼属 *Rhinogobius*

【**形态特征**】背鳍Ⅵ，Ⅰ-8；臀鳍Ⅰ-8；胸鳍17～18；腹鳍Ⅰ-5。纵列鳞28～29；横列鳞10～12；背鳍前鳞7～12。脊椎骨11+17。体前部亚圆筒形，后部侧扁。头圆钝，具5个感觉管孔。稍颊部凸出，具3纵行感觉乳突线。吻圆钝而长。口中大，前位，上下颌约等长。体被中大栉鳞，吻部、颊部和鳃盖无鳞。背鳍前鳞向前仅伸达项部的1/3处，胸部、腹部和胸鳍基部无鳞。无侧线。第一背鳍第二至第四鳍棘最长，平放时不伸达第二背鳍起点。左右腹鳍愈合成一吸盘。体侧隐具3～5个暗灰色斑块，每一鳞片的后缘呈橘红色（雌鱼）或黄褐色（雄鱼）。头部具橘黄色点纹，眼前至吻背前端具1～2条橘色斜纹（雌鱼）或暗黄褐色细纵带（雄鱼），鳃盖膜具平行橘色细纹。第一背鳍第一和第二鳍棘间膜下部具1个绿色圆斑，雄鱼明显，雌鱼不明显。体长可达7 cm。

【**生态习性**】栖息于溪流、河流的流水环境，主要以底栖无脊椎动物为食。

【**地理分布**】我国长江以南各主要水系。

【**龙游县内分布**】见于社阳溪上游。

雀斑吻虾虎鱼 *Rhinogobius lentiginis* (Wu & Zheng, 1985)

【分类地位】虾虎鱼目 Gobiiformes：虾虎鱼科 Gobiidae：吻虾虎鱼属 *Rhinogobius*

【形态特征】背鳍Ⅵ，Ⅰ-8；臀鳍Ⅰ-6～7；胸鳍14～15；腹鳍Ⅰ-5。纵列鳞30～31；横列鳞10～11；背鳍前鳞0。体前部稍平扁，后部侧扁。头圆钝，颊部稍凸出，具3纵行感觉乳突线。雄鱼吻稍尖突，雌鱼圆钝。口斜裂，上下颌约等长或下颌略突出。体被中大薄圆鳞，吻部、颊部和鳃盖无鳞。胸部、腹部和胸鳍基部无鳞。无侧线。第一背鳍第三至第五鳍棘最长，雄鱼最长鳍棘平放时伸越第二背鳍起点，雌鱼伸达或不伸达第二背鳍起点。左右腹鳍愈合成一吸盘。颊部和鳃盖具10余个小黑点。头部腹面鳃盖膜处密具白色小圆点；第一背鳍第一至第二鳍棘间膜都具1个黑斑。体长可达4 cm。

【生态习性】多栖息于卵石质底的溪流中下游水域，主要以底栖无脊椎动物为食。

【地理分布】浙江灵江、飞云江和鳌江等各水系。

【龙游县内分布】见于灵山港上游。

黑吻虾虎鱼 *Rhinogobius niger* Huang, Chen & Shao, 2016

【**分类地位**】虾虎鱼目 Gobiiformes；虾虎鱼科 Gobiidae；吻虾虎鱼属 *Rhinogobius*

【**形态特征**】背鳍Ⅵ，Ⅰ-9；臀鳍Ⅰ-8；胸鳍16～18；腹鳍Ⅰ-5。纵列鳞35～37；横列鳞10～12；背鳍前鳞0（偶见1）；椎骨数10+17=27（偶见10+18=28）。体前部稍平扁，后部侧扁。头圆钝，颊部稍凸出，具3纵行感觉乳突线。口斜裂，上颌略突出于下颌。体被中大弱栉鳞，吻部、颊部和鳃盖无鳞；无侧线。第一背鳍第三至第四鳍棘最长，雄鱼最长鳍棘平放时约伸达第二背鳍第三枚分支鳍条，雌鱼伸达第二背鳍起点。左右腹鳍愈合成一吸盘。颊部、鳃盖和鳃盖膜密布红色小圆斑。眼后方具两条红色纵纹。第一背鳍第一至第二鳍棘间膜都具1个黑斑。体长可达5 cm。

【**生态习性**】栖息于卵石质底的溪流上游水域，主要以底栖无脊椎动物为食。

【**地理分布**】广布于浙江各水系。

【**龙游县内分布**】见于衢江灵山港上游。

真吻虾虎鱼 *Rhinogobius similis* Gill, 1859

【分类地位】虾虎鱼目 Gobiiformes；虾虎鱼科 Gobiidae；吻虾虎鱼属 *Rhinogobius*

【形态特征】背鳍Ⅵ，Ⅰ-8～9；臀鳍Ⅰ-8～9；胸鳍20～21；腹鳍Ⅰ-5。纵列鳞27～30；横列鳞10～11；背鳍前鳞11～13。脊椎骨26。体前部近圆筒形，后部稍侧扁。头圆钝，具5个感觉管孔。颊部凸出，具2纵行感觉乳突线。吻圆钝而长。眼下缘具5～6条放射状感觉乳突线。口中大，前位，上下颌约等长。体被中大栉鳞，吻部、颊部和鳃盖无鳞。背鳍前鳞向前伸达眼间隔后方，胸部、腹部和胸鳍基部无鳞，腹部具小圆鳞。无侧线。第一背鳍第三和第四鳍棘最长。左右腹鳍愈合成一吸盘。体侧具6～7个宽而不规则的黑色横斑，有时不明显。头部在眼前方有5条黑褐色蠕虫状条纹，颊部和鳃盖有5条斜向前下方的暗色细条纹。胸鳍基底上端具1个黑斑点。体长可达13 cm。

【生态习性】栖息于江河、湖泊、溪流等缓静水域。幼鱼具浮游期。肉食性，以无脊椎动物、小型鱼类为食。

【地理分布】我国东部各大水系均有分布。国外分布于越南、日本、朝鲜半岛和俄罗斯远东地区。

【龙游县内分布】见于衢江干流和各主要支流。

河川沙塘鳢 *Odontobutis potamophilus* (Günther, 1861)

【分类地位】虾虎鱼目 Gobiiformes；沙塘鳢科 Odontobutidae；沙塘鳢属 *Odontobutis*

【形态特征】背鳍Ⅵ～Ⅷ，Ⅰ-8～10；臀鳍Ⅰ-7～8；胸鳍15～16；腹鳍Ⅰ-5。纵列鳞34～41，横列鳞14～17，背鳍前鳞24～31。体粗壮，前部亚圆筒形，后部侧扁。头宽大，前部低平，后部隆起。颊部凸出。吻尖长。口大，前位。下颌突出。上下颌齿细尖，犁骨、腭骨和舌上无齿。眼后方具感觉管丛，眼前下方横行感觉乳突线的端部其乳突排列呈直线状，眼后下方横行感觉乳突线与眼下纵行感觉乳突线相连。体被栉鳞，眼后头顶部鳞片呈覆瓦状排列。无侧线。左右腹鳍相互靠近，不愈合成吸盘。尾鳍圆形。体侧具3～4个宽而不整齐的鞍形黑色斑块。头侧和腹面有许多黑色斑块的点纹。第一背鳍有一浅色斑块。体长可达17 cm。

【生态习性】栖息于湖泊、江河和溪流各类生境，主要以小鱼、小虾等为食。

【地理分布】长江中下游、钱塘江和闽江水系。

【龙游县内分布】见于本县南部各主要支流。

乌鳢 *Channa argus* (Cantor, 1842)

【分类地位】攀鲈目 Anabantiformes：鳢科 Channidae：鳢属 *Channa*

【形态特征】背鳍 47～50；臀鳍 31～36；胸鳍 17～18；腹鳍 6。侧线鳞 60～69。体前部圆筒形，后部渐侧扁。头长，前部平扁。吻短而圆钝。口大，前位。下颌稍突出。上下颌、犁骨和腭骨均具绒毛状齿带。头、体均被圆鳞。侧线在肛门上方下折 1～2 枚鳞片，后延伸至尾鳍基部。背鳍 1 个，基底长。臀鳍基底较长。胸鳍宽圆。腹鳍短小。尾鳍圆形。体灰黑色，体侧具许多不规则黑斑。头部眼后至鳃盖有 2 条黑色纵带。头背具"八八八"字状显著斑纹。胸鳍基部有一黑点。体长可达 60 cm。

【生态习性】栖息于于湖泊、河流、水库和沼泽等缓静水域。性凶猛，成鱼主要以鱼类、虾类和蛙类等为食。

【地理分布】我国东部各大水系均有分布。

【龙游县内分布】见于衢江干流，以及模环溪、塔石溪等支流中下游。

食蚊鱼 *Gambusia affinis* (Baird & Girard, 1853)

【分类地位】鳉形目 Cyprinodontiformes；花鳉科 Poeciliidae；食蚊鱼属 *Gambusia*

【形态特征】背鳍 i-5～6；臀鳍 iii-6～7；胸鳍 12～13；腹鳍 6。纵列鳞 30～32。体长形，背缘浅凸弧形，腹缘较圆凸（雌鱼较明显）。头宽短，前端楔形。吻短而平扁。眼大。口上位，宽短，下颌突出于口前方。头、体被圆鳞。无侧线。背鳍短小，远位于体后背部。臀鳍起点位于背鳍起点前方，雌鱼前部鳍条不延长，雄鱼前 3 臀鳍鳍条特别长、形成生殖足。体背侧浅灰绿色，鳞边缘较暗；眼下方具淡蓝色斑。体长可达 3 cm。

【生态习性】栖息于湖泊、江河等多水草的近岸带，主要捕食小型水生无脊椎动物和其他鱼类的幼鱼。

【地理分布】原产于美国东部密西西比河流域自伊利诺伊州至墨西哥湾沿岸。现已广泛入侵我国东部长江下游及以南的广大地区。

【龙游县内分布】见于士元溪和模环溪下游。

间下鱵 *Hyporhamphus intermedius* (Cantor, 1842)

【分类地位】颌针鱼目 Beloniformes；鱵科 Hemiramphidae；下鱵属 *Hyporhamphus*

【形态特征】背鳍 ii-14；臀鳍 ii-13～16；胸鳍 i-10～11；腹鳍 i-5。侧线鳞 54～79；背鳍前鳞 48～63。体近柱形，稍侧扁。上颌呈三角形，下颌突出，延长成一平扁长针状，大于头长。上下颌均具细齿。体被圆鳞。侧线止于尾鳍下叉基部稍前方。背鳍约与臀鳍相对。尾鳍叉形，下叶长于上叶。体背侧灰绿色，体侧下方和腹部银白色。体侧具一灰褐色纵带。体长可达 15 cm。

【生态习性】暖水性近海中上层鱼类，也生活于河口附近，也进入淡水中。主要以浮游动物为食。

【地理分布】我国沿海及临近江河、湖泊均有分布。朝鲜半岛和日本也有分布。

【龙游县内分布】见于衢江干流。

主要参考文献

陈马康，童合一，俞泰济，等，1990.钱塘江鱼类资源［M］.上海：上海科学技术文献出版社．

陈宜瑜，1998.中国动物志，硬骨鱼纲，鲤形目（中卷）［M］.北京：科学出版社．

褚新洛，郑葆珊，戴定远，1999.中国动物志，硬骨鱼纲，鲇形目［M］.北京：科学出版社．

毛节荣，1991.浙江动物志，淡水鱼类［M］.杭州：浙江科学技术出版社．

伍汉霖，钟俊生，2008.中国动物志，硬骨鱼纲，鲈形目（五），虾虎鱼亚目［M］.北京：科学出版社．

伍献文，1964.中国鲤科鱼类志，上卷［M］.上海：上海科学技术出版社．

伍献文，1982.中国鲤科鱼类志，下卷［M］.上海：上海科学技术出版社．

乐佩琦，2000.中国动物志，硬骨鱼纲，鲤形目（下卷）［M］.北京：科学出版社．

张春光，2010.中国动物志，硬骨鱼纲，鳗鲡目，背棘鱼目［M］.北京：科学出版社．

Nelson J.S.，Grande T.C.，Wilson M.V.H.，2016. Fishes of the World，5th edition［M］. New Jersey：John Wiley & Sons.